无人机航拍
酷炫运镜119招
从构图、拍摄到剪辑

龙飞◎编著

化学工业出版社

·北京·

内 容 简 介

对于无人机航拍者而言，能掌握高超的运镜技巧，拍出酷炫的视频画面，是一件值得骄傲的事，可问题是，怎么从一名小白成为无人机运镜高手呢？

本书专为攻克无人机运镜这一难题而写，从构思构图、运镜拍摄到剪辑后期技巧，安排了119招，具体如下。

20个构思构图技巧，包含前期安全准备知识、视频拍摄要点和运镜拍摄构图技巧，帮助大家打好基础，提升审美能力。

82个视频运镜技巧，包含开场运镜、前飞运镜、后退运镜、上升运镜、下降运镜、跟随运镜、侧飞运镜、旋转与环绕运镜、俯仰运镜、智能运镜、特殊运镜及闭幕运镜，帮助大家学会使用无人机拍摄运动镜头，快速提升运镜拍摄水平！

16个视频后期技巧，包含单个作品和多个视频的剪辑制作流程，帮助大家掌握剪映手机版和电脑版的操作，让大家先学会拍，再学会剪，得到全面提升！

本书还赠送了90多个运镜拍摄和后期制作的教学视频、100多个素材效果文件、180多页PPT教学课件，让大家可以边看边学！

本书适合读者：一是对无人机航拍和运镜拍摄感兴趣的读者，二是想提升无人机航拍运镜拍摄技术的发烧友，三是从事商业、景区、人像、广告等领域拍摄的摄影师，四是可以作为相关专业的教材使用。

图书在版编目(CIP)数据

无人机航拍酷炫运镜119招：从构图、拍摄到剪辑 / 龙飞编著. -- 北京：化学工业出版社，2025.3.
ISBN 978-7-122-47276-2

Ⅰ.TB869

中国国家版本馆CIP数据核字第2025NS1277号

责任编辑：王婷婷　李　辰　　　　　　封面设计：昇一设计
责任校对：田睿涵　　　　　　　　　　　装帧设计：盟诺文化

出版发行：化学工业出版社（北京市东城区青年湖南街13号　邮政编码100011）
印　　装：北京瑞禾彩色印刷有限公司
710mm×1000mm　1/16　印张13¼　字数315千字　2025年5月北京第1版第1次印刷

购书咨询：010-64518888　　　　　　　售后服务：010-64518899
网　　址：http://www.cip.com.cn

凡购买本书，如有缺损质量问题，本社销售中心负责调换。

定　　价：88.00元　　　　　　　　　　　　　　　　　　　版权所有　违者必究

前 言

写作起因

随着无人机技术的发展，航拍形式也越来越多样化。2023年生产的大疆Mavic 3 Pro无人机，升级了3个相机镜头，配备了广角和长焦镜头，在固件上也在不断更新，这些技术更新让无人机航拍有了更多的玩法。

在短视频时代，使用无人机航拍的视频，会比手机拍摄的视频更具吸引力，因为航拍视角是不常见的，航拍画面也会让观众产生震撼感和新奇感。

学习手机短视频运镜拍摄技巧的书籍，在当下十分火热。对于航拍而言，在市场上专注教学无人机运镜拍摄的书籍并不多，学习丰富的、专业的无人机运镜拍摄技巧，也是很多无人机航拍发烧友想要学习的技能。

本书比同类航拍运镜书更全面、更专业，光纯运镜技法就讲了80多种，可以让用户学得更精、更细，进行重点突破提升。

本书亮点

对于掌握了一定的无人机航拍技术的用户而言，拍摄出酷炫、精美的视频画面是一件引以为傲的事情。但是，市场上并没有几本专门教学无人机运镜航拍的书籍，本书就专为攻克这一难题而写，从构思构图、运镜拍摄到剪辑技巧，安排了119招，本书的亮点具体如下。

（1）本书的第一个亮点：专注运镜

为了帮助大家学习到更多、更专业的无人机运镜拍摄技巧，本书在逻辑结构上做了精心安排，包括开场运镜、前飞运镜、后退运镜、上升运镜、下降运镜、跟随运镜、侧飞运镜、旋转与环绕运镜、俯仰运镜、智能运镜、特殊运镜及闭幕运镜，帮助用户循序渐进，掌握无人机的运镜拍摄技巧，拍摄出酷炫的视频画面。

本书在运镜技巧上就有80多个，并且分类排布，只要用户熟练掌握这些运镜技巧，就可以举一反三，掌握运镜精髓，拍摄出更多的精彩画面。

（2）本书的第二个亮点：实拍教学

为了帮助大家学会书中的运镜技巧，笔者实地、实景、实拍，制作了实屏教学视频，让读者可以一目了然，学习到更多的技能和技巧。

笔者为了拍摄出"旱地拔葱运镜"和"希区柯克变焦运镜"，实地拍摄了3个不同的地点，最终才拍摄出了成功的效果视频。所以，如果用户在使用无人机拍摄运镜视频时，可能第一次拍摄出来的效果不太成功，此时不要气馁，可以试着更换被摄主体、相机镜头、拍摄角度或者拍摄地点，进行多次尝试，这样才能积攒出拍摄经验，从而拍摄出成功的效果视频。

用心阅读的读者也可以发现，有些同一主体在不同的运镜视频中都有出现，这是因为对于突出的主体，可以用多种运镜方法"盘"它。在"盘"它的过程中，我们也在经历一个思考的过程，该用什么运镜方式拍摄这个主体呢？拍摄角度怎样才最好看？在经过多次思考和实拍之后，我们的无人机运镜拍摄水平会得到再次提升。

对于一些不需要使用DJI Fly App上功能的运镜拍摄教学，书中都制作了摇杆示意教学视频；对于需要使用DJI Fly App上功能的运镜拍摄教学，书中制作了实屏教学视频。用户扫描二维码就可以查看，本书提供的这些教学视频都是为了让读者可以学习得更轻松些。

（3）本书的第三个亮点：兼顾拍摄前期和后期

用户不能拿到无人机就立马拍摄运镜视频，没有目标或者技巧的话，就很难快速拍出自己想要的效果。如果视频拍摄完成后，只有素材，没有后期处理，在分享到短视频平台上后，也很难受到观众的喜爱。

为了解决这一难题，本书兼顾了拍摄前期和后期，帮助用户学会前期构思构图，掌握拍摄要点和诀窍，提升审美水平，让拍摄出的运镜视频画面更好看。在视频后期制作上，本书兼顾了剪映手机版和电脑版两个版本的处理方法，还有单个作品和多个视频的剪辑制作流程，帮助手机端或者电脑端用户制作出精彩的航拍大片。

以上就是本书3个亮点的汇总讲解，本书还赠送了90多个运镜拍摄和后期制作的教学视频、100多个素材效果文件、180多页PPT教学课件，帮助用户进行全面提升。

特别提示

本书所有的视频均由大疆Mavic 3 Pro无人机拍摄。本书的所有摇杆操控方式均以"美国手"为例。

在编写本书时，是基于当前软件版本截取的实际操作图片（剪映手机版版本12.2.0、剪映电脑版版本5.0.0、DJI Fly App版本1.11.4），但书从编辑到出版需要一段时间，在这段时间里，软件界面与功能会有调整与变化，比如有的内容删除了，有的内容增加了，这是软件开发商做的更新，很正常，请读者在阅读时根据书中的思路，举一反三，进行学习即可，不必拘泥于细微的变化。

售后联系

本书由龙飞编著，参与编写的人员还有邓陆英等人。由于作者知识水平有限，书中难免有疏漏之处，恳请广大用户批评、指正，沟通和交流请联系微信：2633228153。

目　录

第 1 章　构思构图：提升视频的表现力 1

1.1　10个航拍运镜构思要点 2
- 1.1.1　要点1：保证无人机电量与内存充足 2
- 1.1.2　要点2：提前踩点，确认飞行环境 3
- 1.1.3　要点3：选择合适的天气和时间 5
- 1.1.4　要点4：注意画面的色彩 6
- 1.1.5　要点5：拍摄清晰的图案 7
- 1.1.6　要点6：拍摄出线条感 8
- 1.1.7　要点7：拍摄人文主题的内容 9
- 1.1.8　要点8：借用前景进行拍摄 10
- 1.1.9　要点9：注意光影与光线 11
- 1.1.10　要点10：制作拍摄计划 12

1.2　10个航拍运镜构图技巧 12
- 1.2.1　技巧1：中心式构图 13
- 1.2.2　技巧2：水平线构图 13
- 1.2.3　技巧3：三分线构图 14
- 1.2.4　技巧4：九宫格构图 16
- 1.2.5　技巧5：对称构图 17
- 1.2.6　技巧6：斜线构图 19
- 1.2.7　技巧7：向心构图 21
- 1.2.8　技巧8：曲线构图 22
- 1.2.9　技巧9：多点构图 23
- 1.2.10　技巧10：对比构图 23

本章小结 25
课后习题 25

第 2 章　开场运镜：拉开视频画面帷幕 26

2.1　3个常用的开场运镜 27
- 2.1.1　方法1：升镜头开场运镜 27
- 2.1.2　方法2：移镜头发现开场运镜 28
- 2.1.3　方法3：上升抬头开场运镜 29

2.2　3个大神级开场运镜 30
- 2.2.1　方法1：发现式运镜 30
- 2.2.2　方法2：定场式开篇运镜 31
- 2.2.3　方法3：前景遮挡开场运镜 32

本章小结 33

课后习题 33

第 3 章　前飞运镜：突出主体聚焦视线 34

3.1　3个基础的前飞运镜 35
 3.1.1　方法1：直线前飞运镜 35
 3.1.2　方法2：斜线前飞运镜 36
 3.1.3　方法3：低角度前飞运镜 37
3.2　4个升级版前飞运镜 38
 3.2.1　方法1：倾斜前飞运镜 38
 3.2.2　方法2：前飞仰拍运镜 39
 3.2.3　方法3：前飞俯拍运镜 40
 3.2.4　方法4：越过前景前飞运镜 41
本章小结 42
课后习题 42

第 4 章　后退运镜：交代环境展示现场 43

4.1　2个基础的后退运镜 44
 4.1.1　方法1：直线后退运镜 44
 4.1.2　方法2：斜线后退运镜 45
4.2　5个升级版后退运镜 46
 4.2.1　方法1：后退下降运镜 46
 4.2.2　方法2：后退拉高运镜 47
 4.2.3　方法3：后退俯拍运镜 48
 4.2.4　方法4：后退上升仰拍运镜 49
 4.2.5　方法5：后退上升俯拍运镜 50
本章小结 51
课后习题 51

第 5 章　上升运镜：展现高度气势磅礴 52

5.1　2个基础的上升运镜 53
 5.1.1　方法1：直线上升运镜 53
 5.1.2　方法2：斜线上升运镜 54
5.2　4个升级版上升运镜 55
 5.2.1　方法1：上升前飞运镜 55
 5.2.2　方法2：上升后退运镜 56
 5.2.3　方法3：上升跟随运镜 57
 5.2.4　方法4：上升后退仰拍运镜 58
本章小结 59
课后习题 59

第 6 章　下降运镜：表现空间点面关系 60

6.1　2个基础的下降运镜 61
 6.1.1　方法1：直线下降运镜 61
 6.1.2　方法2：斜线下降运镜 62
6.2　4个升级版下降运镜 63
 6.2.1　方法1：下降前飞运镜 63
 6.2.2　方法2：下降后退运镜 64
 6.2.3　方法3：下降仰拍运镜 65
 6.2.4　方法4：下降跟随运镜 66
本章小结 67
课后习题 67

第 7 章　跟随运镜：营造沉浸式的体验 68

7.1　3个手动跟随运镜 69
 7.1.1　方法1：背面跟随运镜 69
 7.1.2　方法2：侧面跟随运镜 70

7.1.3　方法3：正面跟随运镜 71
7.2　3个智能跟随运镜 72
　　7.2.1　方法1：跟随模式 72
　　7.2.2　方法2：聚焦模式 74
　　7.2.3　方法3：环绕模式 76
本章小结 79
课后习题 79

第8章　侧飞运镜：调动动态视觉感受 80

8.1　2个基础的侧飞运镜 81
　　8.1.1　方法1：向左侧飞运镜 81
　　8.1.2　方法2：向右侧飞运镜 82
8.2　3个升级版侧飞运镜 83
　　8.2.1　方法1：上升左飞运镜 83
　　8.2.2　方法2：下降侧飞运镜 84
　　8.2.3　方法3：长焦侧飞运镜 85
本章小结 86
课后习题 86

第9章　旋转与环绕运镜：突出主体渲染气氛 87

9.1　2个简单的旋转运镜 88
　　9.1.1　方法1：向左旋转运镜 88
　　9.1.2　方法2：向右旋转运镜 89
9.2　2个基础的环绕运镜 90
　　9.2.1　方法1：顺时针环绕运镜 90
　　9.2.2　方法2：逆时针环绕运镜 91
9.3　5个升级版环绕运镜 92
　　9.3.1　方法1：长焦环绕运镜 92
　　9.3.2　方法2：环绕上升运镜 93
　　9.3.3　方法3：环绕靠近运镜 94
　　9.3.4　方法4：环绕远离运镜 95
　　9.3.5　方法5：环绕下降靠近运镜 96
本章小结 97
课后习题 97

第10章　俯仰运镜：扩大视野展现空间 98

10.1　3个基础的俯仰运镜 99
　　10.1.1　方法1：仰视上抬运镜 99
　　10.1.2　方法2：俯视下压运镜 100
　　10.1.3　方法3：俯视悬停运镜 101
10.2　7个升级版俯视运镜 102
　　10.2.1　方法1：俯视前飞运镜 102
　　10.2.2　方法2：俯视左飞运镜 103
　　10.2.3　方法3：俯视上升运镜 104
　　10.2.4　方法4：俯视下降运镜 105
　　10.2.5　方法5：俯视旋转运镜 106
　　10.2.6　方法6：俯视旋转上升运镜 107
　　10.2.7　方法7：俯视旋转下降运镜 108
本章小结 109
课后习题 109

第11章　智能运镜：无人机自动拍视频 110

11.1　6种一键短片运镜 111
　　11.1.1　方法1：渐远模式 111
　　11.1.2　方法2：冲天模式 112
　　11.1.3　方法3：环绕模式 114

11.1.4 方法4：螺旋模式 115
11.1.5 方法5：彗星模式 116
11.1.6 方法6：小行星模式 117
11.2 3种延时运镜拍法 119
11.2.1 方法1：环绕延时运镜 119
11.2.2 方法2：定向延时运镜 120
11.2.3 方法3：轨迹延时运镜 122
11.3 大师镜头运镜拍法 125
11.3.1 步骤1：选择拍摄主体 125
11.3.2 步骤2：拍摄运镜视频 126
本章小结 129
课后习题 129

第12章 特殊运镜：热门航拍运镜玩法 130

12.1 3个考证必学的特殊运镜 131
12.1.1 方法1：方形运镜 131
12.1.2 方法2：飞进飞出运镜 132
12.1.3 方法3：8字飞行运镜 133
12.2 3个抖音爆款火热运镜 134
12.2.1 方法1：穿越运镜 134
12.2.2 方法2：旱地拔葱运镜 134
12.2.3 方法3：希区柯克变焦运镜 135
本章小结 139
课后习题 139

第13章 闭幕运镜：视频画上圆满句号 140

13.1 2个常用的闭幕运镜 141

13.1.1 方法1：前飞越过主体运镜 141
13.1.2 方法2：主体出画运镜 142
13.2 2个大神级闭幕运镜 143
13.2.1 方法1：渐远离场运镜 143
13.2.2 方法2：跟摇上抬运镜 144
本章小结 145
课后习题 145

第14章 剪辑实战：单个作品制作流程 146

14.1 使用剪映手机版剪辑单个作品 147
14.1.1 步骤1：导入视频和添加滤镜调色 148
14.1.2 步骤2：设置比例背景和制作定格效果 151
14.1.3 步骤3：添加特效、文字和贴纸 153
14.1.4 步骤4：添加背景音乐和导出分享视频 159
14.2 使用剪映电脑版剪辑单个作品 162
14.2.1 步骤1：添加视频和进行调色 162
14.2.2 步骤2：添加主题文字 165
14.2.3 步骤3：添加背景音乐 168
14.2.4 步骤4：添加特效和导出视频 169
本章小结 172
课后习题 172

第 15 章 大片制作：多个视频剪辑流程 173

15.1 使用剪映手机版剪辑多个视频 174

15.1.1 步骤1：添加多段视频、音乐和调整时长 175

15.1.2 步骤2：设置转场、进行调色和添加特效 178

15.1.3 步骤3：制作文字片头和求关注片尾效果 183

15.2 使用剪映电脑版剪辑多个视频 191

15.2.1 步骤1：导入多段视频 191

15.2.2 步骤2：为视频添加背景音乐 192

15.2.3 步骤3：为视频之间添加转场 193

15.2.4 步骤4：为视频添加滤镜 195

15.2.5 步骤5：为视频添加字幕和特效 198

本章小结 202

课后习题 202

第 1 章
构思构图：提升视频的表现力

本章要点

　　航拍需要做好准备，才能拍摄出理想的画面。在拍摄之前，需要用户进行构思构图，带着目的拍画面。俗话说，一段视频画面，三分靠拍摄，七分靠处理，但如果没有好的底片，再厉害的后期技术也处理不出好的效果来。在拍摄过程中，构图是尤为重要的，直接影响着画面的表现力。同样的主体，不同的拍摄角度，可以让画面产生不同的感觉。本章主要为大家介绍航拍构思构图的要点和技巧。

1.1　10个航拍运镜构思要点

无人机的电池电量是有限的，航拍环境是复杂的，天气也是多变的，如何用无人机安全地在空中拍摄出理想的画面，有哪些运镜构思要点呢？本节将为大家介绍相应的内容和技巧。

1.1.1　要点1：保证无人机电量与内存充足

用户在飞行之前，一定要提前检查无人机飞行器的电池、遥控器的电池及手机是否充满电，以免到了拍摄地点后，到处找充电的地方，这是非常麻烦的事情。而且，飞行器的电池弥足珍贵，一块满格的电池只能用30分钟左右，如果飞行器只有一半的电量，还要留20%的电量返航，那么即使飞上去基本上也拍不了什么东西了。

当我们难得发现一个很美的景点可以航拍，然后驱车几个小时到达，却发现无人机忘记充电了，这是一件非常痛苦的事。在这里，建议有车一族可以买个车载充电器，这样即便电池用完了，也可以在车上边开车边充电，及时解决充电的问题和烦恼。大疆原装的车载充电器大约300多元，普通品牌的车载充电器只需要几十元，非常划算，如图1-1所示。

图1-1　车载充电器

外出拍摄前，一定要检查无人机中的SD（Secure Digital Memory Card，存储卡或者内存卡）卡是否有足够的存储空间，以免到了拍摄地点后，看到那么多美景，却拍不下来。如果再跑回家将SD卡的容量腾出来，然后再出来拍摄，一是时间浪费了，二是来回跑确实辛苦、折腾，三是拍摄的热情和激情也过去了，难以拍出理想的画面。

建议用户多准备两张 SD 卡，以免拍摄的素材容量比较大，造成 SD 卡容量不足，特别是视频文件，非常占内存。如果用户拍摄的素材不是很大，建议购买 64GB 的内存卡即可；如果需要拍摄的素材较多，建议购买 128GB 或者 256GB 的 SD 卡，对于内存卡的类型而言，最好买无人机专用的高速内存卡，如图 1-2 所示。

图 1-2　无人机专用高速内存卡

1.1.2　要点 2：提前踩点，确认飞行环境

在使用无人机拍摄视频前，需要了解无人机适合在哪些环境中飞行，并提前踩点，这样才能给无人机创造一个安全的飞行环境，减少炸机的风险。

在城市中航拍，需要提前踩点，确认周围的建筑物和高大树木，对无人机的信号和活动有没有限制。如果无人机起飞的四周有铁栏杆或者信号塔，则会对无人机的信号和指南针造成干扰。在建筑物附近飞行，也很容易撞机，造成炸机，用户最好在空旷的地方飞行无人机。

在人流量比较大的公园、街道、景区等场合飞行无人机，需要提前踩点，尽量在人群不密集的时候飞行，比如工作日、清早或者午夜时分，这时的人流量相对比较小。不要把无人机低空飞行到人群中，这样做会影响他人的出行，因为无人机的螺旋桨非常锋利，如果割伤了路人，就很危险。

在人群上空飞行，还有炸机砸伤路人的风险。如果无人机只是单纯坠机，可能只是损失一架无人机，但是如果砸伤了人，后果就非常严重了，尤其是从高空坠落砸到人的头部的话，后果将不堪设想。

在乡村地区飞行无人机，需要提前踩点，观察周围的高压线，如图1-3所示。因为高压电线对无人机产生的电磁干扰非常严重，而且离电线的距离越近，信号干扰越大，所以在拍摄时，尽量不要到有高压线的地方去飞行。如果在异常的情况下起飞，对无人机的安全有很大的影响。

图1-3 观察周围的高压线

如果无人机在飞行中碰到了高压线，那么电机和螺旋桨就会被这根线卷住，迅速影响无人机在飞行中的稳定性，会使无人机的双桨失去平衡，严重一点的电机会被直接锁死，后果是直接炸机。

无人机在空中飞行时，仅通过遥控器上的图传画面是很难发现高压线的，只能自己抬头凭着肉眼去看。电线一般也不会太高，这一点在起飞时就要特别注意。

在夜间飞行无人机时，航拍光线会受到很大的影响。当无人机飞到空中时，只看得到无人机的指示灯一闪一闪的，其他的什么也看不见。

夜间由于光线不充足，会导致无人机的视觉系统和避障功能失效，如图1-4所示，用户只能通过图传画面来判断四周的环境。所以，需要在白天对飞行地点进行踩点，提前规避空中的障碍物，先了解大环境，进行试飞和观察。

如果夜间的环境非常暗，用户可以通过调整ISO参数来增加画面的亮度，这样也能更清楚地看清周围环境。但用户在拍摄时，一定要将ISO参数再调整回来，调整为正常曝光状态，以免拍摄出来的画面出现过曝的情况。

图 1-4 提示无人机的视觉系统和避障功能失效

1.1.3 要点 3：选择合适的天气和时间

如果天气不好，会影响视频画面的画质，尤其是雾霾天，图像质量会大打折扣。在一些极端天气中，如大风、雷雨、暴雪等极端天气，也不适合飞行无人机。

用户可以选择在晴朗的天气飞行无人机，以便拍摄出景物的最佳状态。

在选择拍摄时间时，尽量选择在日出或者日落拍摄，此时的光线比较柔和。黎明时刻和黄昏时分是航拍云霞的最好时段，在这个时段，云彩会有绚烂的色彩，画面极具冲击力，如图 1-5 所示。

图 1-5 云彩出现绚烂的色彩

1.1.4 要点4：注意画面的色彩

色彩对视线有一定的引导作用，也会影响构图，色彩还能影响情绪，起着营造氛围的作用。像服装穿搭一样，色彩过多、色彩过于鲜艳看起来会让画面显得很乱，而有层次、有呼应的色彩则能得到更好的效果。因此，在航拍视频时，也不能忽略色彩的作用。

在航拍时，要注意画面的色彩，学会用色彩来表达内容，传递情绪，让画面得到美的视觉感受。使用对比色，可以利用色彩之间的对比，进行表达。图 1-6 所示为使用对比色方法航拍的画面，橙色的陆地和青色的湖水相互映衬。

图 1-6　拍摄对比色画面

不同的颜色会传递出不同的情绪。比如，绿色系可以让人感受到生机和活力，如图 1-7 所示；蓝色系则可以传递冷静、安详、平和等情绪，如图 1-8 所示。

图 1-7　绿色系画面

图 1-8　蓝色系画面

1.1.5 要点 5：拍摄清晰的图案

无人机在空中可以拍摄到的物体有很多，对于单个突出的主体，如建筑、湖泊或者树木，通过中心构图，可以让画面有视角焦点和中心。然而，对于没有集中对象的环境，如何让画面有焦点呢？

这时就可以通过拍摄清晰的图案来表现主体。图案是具有一定的排列规律的，既可以是几何形状的图案，也可以是单个主体进行重复、排列的图案。图1-9 所示为航拍东江湖高椅岭的画面，河流、红色砂岩和灌木植被相互排布，形成不规律的图案。

图 1-9 航拍东江湖高椅岭的画面

对齐排列会以同样的方式让画面看起来和谐，相反排列也能让画面更有趣。例如，图 1-10 所示为交叉排列和圆形排列混合的图案画面，造型十分有趣。

图 1-10 交叉排列和圆形排列混合的图案画面

1.1.6 要点6：拍摄出线条感

线条感强的主体可以引导视线，能更加突出主体。引导线是有效吸引和引导视线的一组或多组线条。画面中的引导线可以让画面焦点进行汇聚，从而突出主体。引导线还有一个作用，就是可以增强画面的纵深感、透视感，此外，还可以强化画面的视觉感受。

在航拍时，如何拍摄出线条感？一是尽量拍摄具有线条感的主体，如道路、水流、建筑等物体；二是使用广角镜头，这样更能增强画面的透视感。图1-11所示为拍摄具有纵深感的画面，一条条的道路和河流引导着观众的视线。

图1-11 拍摄具有纵深感的道路画面

图1-12所示为拍摄具有线条感的桥梁建筑画面，非常具有代入感。除了直线，曲线也可以引导观众的视线，如图1-13所示，直线道路旁边的曲线圆盘道路，起着点睛的作用。

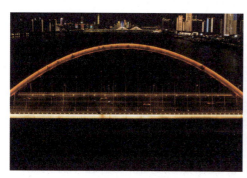 

图1-12 拍摄具有线条感的桥梁建筑画面　　图1-13 直线道路旁边的曲线圆盘道路画面

1.1.7 要点7：拍摄人文主题的内容

航拍不仅仅局限于拍摄风景风光，还可以用来拍摄人文主题的内容。关于人文摄影，关键词在于人类、生活和记录。

人文主题的航拍内容，在短视频时代是比较容易出热点和爆款的，因为观众喜欢观看纪实类的视频内容。

在航拍时，应该拍摄哪些人文主题内容？如何拍摄呢？

在航拍时，可以利用色彩，用人与环境的色彩对比，拍摄出人与环境的关系，如图1-14所示，红色服装的人在图像中起着点睛之笔的作用，画面不再是只有风光，整体不再那么单调，更有高级感。在航拍单个主体时，需要放低无人机的高度，或者使用长焦镜头进行拍摄。

无人机在空中航拍的角度比较高的话，那么单个的人可能就会变成单个的点，这时，去拍摄人群可以得到不一样的效果，如图1-15所示，这种纪实类的城市街拍画面，会让观众觉得更有亲切感。

图1-14 拍摄出人与环境的关系

图1-15 拍摄人群

此外，关于人文主题的题材内容，还有演唱会、乡村风光、劳动场景、工厂、建筑工地、码头、集会活动、风车、轮船、沙滩等内容。拍摄人文主题的内容时，还要讲究真实，表现出重点内容，这样才能让观众有代入感。

1.1.8 要点8：借用前景进行拍摄

前景是位于主体与镜头之间的人或物，利用前景进行拍摄，可以起到烘托主体、装饰环境和平衡构图的作用，从而增强画面的空间深度。图1-16所示为航拍以树木为前景的公园风光画面，可以看到前景、中景和背景都很清晰，画面具有层次感。

图1-16　以树木为前景的公园风光画面

由于无人机航拍的高度比较高，像树木这种前景可能不太好找，用户也可以利用建筑物作为前景，拍摄风光画面，如图1-17所示。

图1-17　利用建筑物为前景，拍摄风光画面

1.1.9 要点9：注意光影与光线

光影是由太阳光线决定的，没有光线，就没有光影。当光照射在地面上、主体上时，可以运用顺光、逆光、侧光等方式拍摄，让画面具有层次感。图1-18所示为使用逆光方式拍摄的画面，这时的光影效果最强，明暗关系一目了然。

图1-18　使用逆光方式拍摄的画面

当太阳光透过云层时，就会出现"丁达尔效应"，这时的光线非常清晰，画面更具冲击力，如图1-19所示。

图1-19　出现"丁达尔效应"的画面

1.1.10 要点 10：制作拍摄计划

无人机的电池电量有限，美景也是转瞬即逝，在拍摄之前，用户可以学会制作拍摄计划，将拍摄地点和运镜方式列举好，如表 1-1 所示，这样就能"胸有成竹"，拍出自己想要的视频画面。

表 1-1 拍摄计划

时间	地点	设备	运镜方式	时长	备注
12 月 1 号上午	地点 1	Mavic 3 Pro	前飞运镜	20 秒	
12 月 2 号上午	地点 2	Mavic 3 Pro	后退运镜	20 秒	
12 月 2 号上午	地点 3	Mavic 3 Pro	上升运镜	20 秒	
12 月 3 号下午	地点 4	Mavic 3 Pro	下降运镜	20 秒	
12 月 3 号下午	地点 5	Mavic 3 Pro	环绕运镜	50 秒	

表 1-1 所示的拍摄计划只是做一个参考，实际情况还要根据拍摄者自身的情况进行调整。每个人的情况都不同，在制作拍摄计划时，还需要考虑"B 计划"，如果天气不好，就需要更改日期；如果地点不适合或者区域禁飞，那么就需要更换地点。可能还有其他的突发事件，只有准备充足，才能轻装上阵，快速拍摄。

如果有额外的人员加入，比如模特或者拍摄伙伴，也需要提前沟通和配合好，这样才能事半功倍。因为在飞行无人机时，需要专注飞行和拍摄，而不是把时间浪费在沟通上。

1.2 10个航拍运镜构图技巧

一段精彩的航拍视频离不开好的构图。在对焦和曝光都正确的情况下，用心进行构图之后，会让你的作品脱颖而出，并吸引观众的眼球，与之产生共鸣。本节将为大家介绍 10 个航拍运镜构图技巧。

1.2.1 技巧1：中心式构图

在航拍时，如果拍摄的主体面积较大，或者极具视觉冲击力，此时可以把拍摄主体放在画面最中心的位置，采用中心式构图进行拍摄。

图1-20所示为采用中心式构图方式航拍的纪念塔画面。将拍摄主体置于画面最中间的位置，可以聚焦观众的视线，重点传达所要表现的对象。

图1-20 采用中心式构图方式航拍的纪念塔画面

1.2.2 技巧2：水平线构图

水平线构图给人的感觉就是辽阔、平静。水平线构图法是以一条水平线来进行构图，这种构图需要前期多看、多琢磨，寻找一个好的拍摄地点进行拍摄。对于比较有经验的摄影师，可以很轻松地航拍出理想的风光照片或视频。这种构图法也比较适合用来拍摄风光大片。

水平线构图可以很好地表现出物体的对称性。一般情况下，摄影师在拍摄海景时，最常采用的构图手法就是水平线构图，如图1-21所示。

图 1-21 水平线构图画面

以海平线为水平线,天空与海景各占画面的二分之一。

1.2.3 技巧 3:三分线构图

三分线构图,顾名思义,就是将画面从横向或纵向分为 3 个部分,这是一种非常经典的构图方法,是大师级摄影师偏爱的一种构图方式。将画面一分为三,比较符合人的视觉习惯,而且画面不会显得很单调。常用的三分线构图法有两种,一种是横向三分线构图,另一种是纵向三分线构图,分别如下。

图 1-22 所示为一张风光视频画面,可以看到这是一张用横向三分线构图方

法拍摄的视频画面。如果将三分线再细分一下，这是用上三分线构图方法拍摄的，天空占据了画面的三分之一左右，而地景占据了画面的三分之二左右。

图1-22 使用横向三分线构图方法航拍的画面

纵向三分线构图的航拍手法是指将主体或辅体放在画面左侧或右侧三分之一的位置。在拍摄纵向三分线构图画面时，要注意留白的区域，如果主体的引导视线在左边，那么就把主体放在右三分线上，反之亦然。

图1-23所示把画面中的建筑地标放在了左三分线上，右侧区域进行了留白，整体画面让人觉得非常舒适。

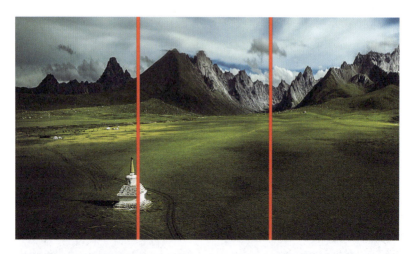

图 1-23　使用纵向三分线构图方法航拍的画面

1.2.4　技巧 4：九宫格构图

九宫格构图又称井字形构图，是指用横竖各两条直线将画面等分为 9 个空间，不仅可以让画面更加符合人们的视觉习惯，而且还能突出主体、均衡画面。

图 1-24 所示为九宫格构图示例，画面中的人物处于右上角的交叉点上。使用九宫格构图拍摄视频，不仅可以将主体放在 4 个交叉点上，也可以将其放在 9 个空间格内，从而使主体成为画面的视觉中心。

图 1-24　九宫格构图示例

九宫格构图是横向三分线和纵向三分线相结合的构图方法。九宫格构图可以说是一种万能的构图形式,适用于人像、风光、建筑、纪实等焦点突出的作品中。

1.2.5　技巧 5：对称构图

对称构图是指画面中心有一条线把画面分为对称的两份,可以是画面上下对称,也可以是画面左右对称,或者是画面的斜向对称,这种对称画面会给人一种平衡、稳定、和谐的视觉感受。

图 1-25 所示为左右对称构图示例,也是使用了三角形构图,从栈道交点位置左右对称,让观众感受到对称美。

图 1-25 左右对称构图示例

图 1-26 所示为上下左右对称构图示例,两条道路刚好水平垂直相交,形成了上下左右对称构图,让视频画面的布局更为均衡。

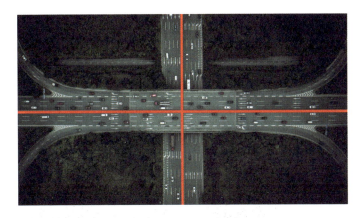

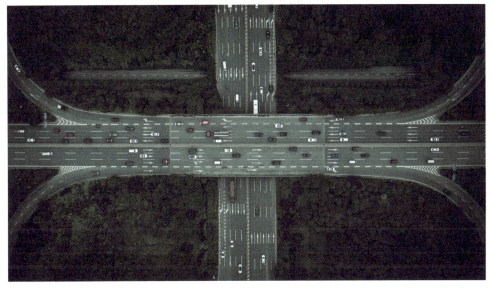

图 1-26 上下左右对称构图示例

1.2.6 技巧6：斜线构图

斜线构图是在静止的横线上出现的，具有一种静谧的感觉，斜线的延伸感还可以加强画面的深远透视效果。同时，斜线构图的不稳定性使画面富有新意，给人以独特的视觉效果。

利用斜线构图可以使画面产生三维的空间效果，增强画面立体感，使画面充满动感与活力，且富有韵律感和节奏感。斜线构图是一种非常基本的构图方式，在拍摄轨道、山脉、植物、沿海等风光时，就可以采用斜线构图的航拍手法。

图 1-27 所示为使用斜线构图航拍的桥梁画面，用斜线构图方式拍摄桥梁，

让画面摆脱平庸感，并且具有很强的视线导向性和纵深感。在航拍摄影中，斜线构图是一种使用频率颇高，而且也颇为实用的构图方法，希望大家可以熟练掌握。

图 1-27　使用斜线构图航拍的桥梁画面

还有一种是交叉斜线，在航拍立交桥时经常会用到这种构图方式。图 1-28 所示为航拍立交桥的画面，这种交叉双斜线构图使画面更具有延伸感，同时也具有对称几何美感。

图1-28 航拍立交桥的交叉双斜线画面

1.2.7 技巧7：向心构图

向心构图就是四周物体朝中心集中，所有线条都向画面中心汇聚，这种构图方式可以将人的视线强烈引向主体中心，起到聚集作用。

在拍摄这种构图方式的画面时，需要无人机相机垂直90°朝下进行俯拍。图1-29所示为使用向心构图方式拍摄的小行星模式视频画面，焦点集中在圆圈图案的圆心上。

图1-29 使用向心构图方式拍摄的画面

1.2.8 技巧8：曲线构图

曲线构图是指摄影师抓住拍摄对象的特殊形态特点，在拍摄时采用特殊的拍摄角度和手法，将物体以类似曲线般的造型呈现在画面中，曲线构图的表现手法常用于拍摄风光、道路及江河湖泊的题材。C形曲线和S形曲线是运用比较多的构图方式。

C形构图是一种曲线型构图手法，拍摄对象类似于C形，可以体现出被摄对象的柔美感、流畅感、流动感，常用来航拍弯曲的河流、建筑、马路、岛屿及沿海风光等大片，如图1-30所示。

图 1-30　C形构图画面

S形构图是C形构图的强化版，主要用来表现富有S形曲线美的景物，如自然界中的河流、小溪、山路、小径、深夜马路上蜿蜒的路灯或车队等，会产生一种悠远感或延伸感。图1-31所示为航拍的道路画面，弯弯曲曲呈S形曲线，非常夺人眼球。

图 1-31　S形构图画面

1.2.9 技巧 9：多点构图

点，是所有画面的基础。在摄影中，它可以是画面中真实的一个点，也可以是一个面，画面中很小的对象都可以称之为点。在图像中，点所在的位置会直接影响画面的视觉效果，并带来不同的心理感受。如果无人机飞得很高，俯拍地面景色时，就会出现很多点对象，这种方式就可以称为多点构图。

在拍摄多个主体时，就可以用到这种构图方式。这种构图方式航拍的画面可以体现多个主体，并还能完整记录所有的主体。

图 1-32 所示为在荷花田上空航拍的画面，荷花和荷叶都变成了一个一个的小点，粉色的荷花点缀着绿色的荷花田，画面丰富多彩，饶有趣味。

图 1-32　多点构图画面

1.2.10 技巧 10：对比构图

对比构图的含义很简单，就是通过不同形式的对比来强化画面的构图，产生不一样的视觉效果。对比构图的意义有两点：一是通过对比产生区别，来强化主体；二是通过对比来衬托主体，起辅助作用。

想在拍摄中获得对比构图的效果，用户就要找到与拍摄主体差异明显的对象来进行构图，这里的差异包含很多方面，如在大小、远近、方向、动静和明暗等方面的差异。下面将介绍大小对比、明暗对比和颜色对比这 3 种简单、常用的构图方法。

1. 大小对比构图

大小对比构图通常是指在同一画面里利用大小两种对象，以小衬大或以大衬小，来让主体变得突出。图 1-33 所示为大小对比构图示例，用汽车的小来衬托出草地的广阔。

图 1-33　大小对比构图示例

2. 明暗对比构图

明暗对比构图，顾名思义，就是通过明与暗的对比来构图取景和布局画面，从影调角度让画面具有不一样的美感。明暗对比构图有 3 层境界：以暗衬明，通过暗部来体现亮部；以明衬暗，通过亮部来衬托暗部；互相呼应，既有暗衬明，也有明衬暗。

图 1-34 所示为明暗对比构图示例，逆光拍摄的天边是亮的，地面则是暗的，以此来传递出画面的立体感、层次感和轻重感等特色。

图 1-34　明暗对比构图示例

3. 颜色对比构图

颜色对比构图就是利用对比色来突出主体。在拍摄风光时，可以利用自然光、人造光等建立冷暖对比关系，让画面层次变丰富。比如，在傍晚时分，天空是蓝色的，而夕阳云霞和灯光则是橙红色，从而形成冷暖色对比，如图1-35所示。

图1-35　颜色对比构图示例

本章小结

本章主要向大家介绍了10个航拍运镜构思要点和10个航拍运镜构图技巧，包括保证无人机电量和内存充足、提前踩点和确认飞行环境、选择合适的天气和时间、注意画面的色彩、拍摄清晰的图案、拍摄出线条感、拍摄人文主题的内容、借用前景进行拍摄、注意光影与光线、制作拍摄计划、中心构图、水平线构图和对比构图等构图方式，帮助大家学会构思和构图，提升航拍视频的表现力。

课后习题

鉴于本章知识的重要性，为了帮助大家更好地掌握所学知识，本节将通过课后习题，帮助大家进行简单的知识回顾和巩固。

1. 如何拍摄出线条感？
2. 九宫格构图是哪两种构图方式相结合的构图方法？

第 2 章
开场运镜：拉开视频画面帷幕

本章要点

开场运镜是视频中必不可少的一部分，开场运镜除了能交代主体所处的环境，还起着定基调的作用，比如欢快的视频，开场镜头一般是由人物的笑声或欢快的场景中拍摄展开；还有悲伤的视频，开场镜头会用气氛悲沉的长镜头慢慢展开故事；对于各类Vlog，一般剪辑视频中最精彩的片段作为开场镜头，当然这些属于后期的范围。本章将为大家介绍如何航拍开场运镜。

2.1 3个常用的开场运镜

对于航拍而言,开场运镜的作用在于揭示事件发生的时间、地点和展示主体所处的大环境。本节将为大家介绍 3 个常用的开场运镜。

2.1.1 方法 1:升镜头开场运镜

如果地面的前景元素比较丰富,可以使用升镜头进行拍摄,在无人机上升时,让前景慢慢地淡出画面,展示广阔的大环境,进行开场,如图 2-1 所示。

扫码看教学视频

图 2-1 升镜头开场运镜

拍摄方法如下。

① 用户开启广角镜头,让无人机拍摄到地面的前景。

② 向上推动左侧的摇杆,让无人机上升飞行,直到画面中的前景变少。

2.1.2　方法2:移镜头发现开场运镜

移镜头是指无人机进行侧飞时,在主体位置不变的情况下,移镜头可以连续展现被摄主体的全貌和其所处的大环境,调动观众的视线,进行揭示开场,如图2-2所示。

扫码看教学视频

图2-2　移镜头发现开场运镜

拍摄方法如下。

① 用户让无人机靠近主体,并处于主体的右侧。

② 向左推动右侧的摇杆，让无人机向左飞行，慢慢地展示主体全貌。

2.1.3 方法3：上升抬头开场运镜

上升抬头镜头适合用于拍摄具有延伸感或高度感的主体，慢慢地展现主体，让观众的视线跟随镜头的移动而移动，如图 2-3 所示。

扫码看教学视频

图 2-3 上升抬头开场运镜

拍摄方法如下。

① 用户向左拨动云台俯仰拨轮，让无人机放低高度俯拍桥梁的局部。

② 向上推动左侧的摇杆，让无人机上升飞行。

③ 在无人机上升的同时，向右拨动云台俯仰拨轮，让云台相机抬头进行仰拍。

2.2 3个大神级开场运镜

在大疆 Mavic 3 Pro 无人机的智能跟随模式下,用户可以让无人机跟随目标对象飞行。无人机在跟随之前,需要用户框选目标才能进行相应的设置,让无人机跟随目标飞行。本节将为大家介绍 3 个智能跟随运镜的拍摄方法。

2.2.1 方法 1:发现式运镜

扫码看教学视频

发现式运镜是指无人机越过前景,并调整俯仰角度或者飞行高度达到目标景物慢慢浮现的效果,如图 2-4 所示,所以在拍摄时,要学会寻找前景和目标。

图 2-4 发现式运镜

拍摄方法如下。

① 用户向左拨动云台俯仰拨轮，让无人机微微俯拍前景水杉林。

② 向上推动右侧的摇杆，让无人机前进飞行。

③ 同时向右拨动云台俯仰拨轮，让相机抬头进行仰拍，越过水杉林拍摄前方。

2.2.2 方法2：定场式开篇运镜

扫码看教学视频

定场式开篇运镜的作用在于交代主体所处的环境和时间，并奠定视频基调，所以在人物出场时，可以用这个镜头交代人物和周围的环境，如图2-5所示。

图2-5 定场式开篇运镜

拍摄方法如下。

① 用户让无人机飞行至人物的头顶上方。

② 向左拨动云台俯仰拨轮，让无人机相机垂直90°朝向人物。

③ 向上推动左侧的摇杆，让无人机上升飞行。

④ 向下推动右侧的摇杆，让无人机后退飞行。

⑤ 在无人机上升后退的同时，向右拨动云台俯仰拨轮，让相机抬头进行仰拍。

2.2.3 方法3：前景遮挡开场运镜

当无人机上升至一定的高度时，许多建筑和树木都可以作为前景，当让主体从前景遮挡中显现出来时，就可以实现"柳暗花明又一村"的效果，如图2-6所示。

扫码看教学视频

图2-6 前景遮挡开场运镜

拍摄方法如下。

① 用户让无人机慢慢上升，并让前景树木微微遮挡住湖廊桥主体。

② 向上推动左侧的摇杆，让无人机上升飞行。

③ 当湖廊桥整体慢慢显露出来时，向左拨动云台俯仰拨轮，让相机微微俯拍，让画面的视觉焦点聚集在湖廊桥上面。

☆ 温馨提示

本书所有的视频均由大疆 Mavic 3 Pro 无人机拍摄。本书的所有摇杆操控方式，均以"美国手"为例。

本章小结

本章主要向大家介绍了 3 个常用的开场运镜和 3 个大神级开场运镜，包括升镜头开幕运镜、移镜发现开场运镜、上升抬头开场运镜、发现式运镜、定场式开篇运镜和前景遮挡开场运镜，帮助大家学会拍摄开场运镜，让视频一开场就能吸引观众。

课后习题

鉴于本章知识的重要性，为了帮助大家更好地掌握所学知识，本节将通过课后习题，帮助大家进行简单的知识回顾和巩固。

1. 升镜头开幕运镜的推杆方式是什么？
2. 请选择两种开场运镜方式，在开阔地点进行练习。

第 3 章
前飞运镜：突出主体聚焦视线

本章要点

前飞运镜就好像人们的眼睛一样，一般习惯于从大范围的视野空间来搜索目标，寻找关键点，聚焦到主体。当然，镜头也不同于眼睛，由于镜头是可以多角度运动的，所以前飞运镜的形式也丰富多样，不过无论什么形式的前飞运镜，都是为了展现目标，并在靠近主体的过程中，营造和烘托出相应的情绪和气氛。

3.1　3个基础的前飞运镜

前飞运镜是指无人机向前飞行运动,本节将为大家介绍 3 个基础的前飞运镜,让大家先打好基础,再学习后面的运镜方式。

3.1.1　方法 1:直线前飞运镜

扫码看教学视频

直线前飞运镜有两种使用情境,第一种是无人机对准目标向前飞行,画面的目标会由小变大,如图 3-1 所示;第二种是无人机无目标地往前飞行,主要用来交代影片的环境。

图 3-1　直线前飞运镜

拍摄方法如下。

① 用户让无人机先远离主体，并进行居中式构图。

② 向上推动右侧的摇杆，让无人机前进飞行。

③ 如果主体不居中，可以中途微微地向右上方推动右侧摇杆，让目标居中。

3.1.2　方法2：斜线前飞运镜

斜线前飞运镜是让无人机在前进飞行的同时，进行侧飞，使其前进的路线为一条斜线，改变直飞的飞行轨迹，让视频不再那么单调，如图3-2所示。

扫码看教学视频

图3-2　斜线前飞运镜

拍摄方法如下。

① 用户让无人机处于桥梁的右侧。

② 向右上方推动右侧的摇杆，让无人机往前侧方飞行，进行斜线前飞。

3.1.3 方法3：低角度前飞运镜

对于一些比较低矮的主体对象，可以尽量低角度飞行，这样可以让目标更加清晰，同时增强视觉刺激感，如图3-3所示。

扫码看教学视频

图 3-3 低角度前飞运镜

拍摄方法如下。

① 用户向左拨动云台俯仰拨轮，无人机放低高度俯拍荷花田。

② 向上推动右侧的摇杆，让无人机前进飞行，越过荷花田。

3.2 4个升级版前飞运镜

开场运镜除了上面讲解的几种,还有几种比较复杂的运镜方式,本节将为大家介绍相应的内容,从而掌握更多的航拍运镜拍法。

3.2.1 方法1:倾斜前飞运镜

倾斜前飞运镜是使用"FPV(First Person View,第一人称主视角)模式"拍摄出来的,需要开启该模式进行飞行,通过操作摇杆,让画面变得倾斜,如图3-4所示。

扫码看教学视频

图 3-4 倾斜前飞运镜

拍摄方法如下。

① 在"操控"设置界面中,设置"云台模式"为"FPV 模式"。

② 用户向上推动右侧的摇杆,让无人机前进飞行。

③ 同时,向左之后再向右推动左侧的摇杆,让无人机进行向左和向右倾斜,拍摄倾斜前飞运镜。

3.2.2　方法 2:前飞仰拍运镜

如何用前飞镜头营造出豁然开朗的氛围?前飞仰拍运镜就是一个不错的选择,让无人机前飞并仰拍,略过杂乱的前景,让主体和背景变得更简洁,如图 3-5 所示。

扫码看教学视频

图 3-5　前飞仰拍运镜

拍摄方法如下。

① 用户让无人机飞行微微俯拍主体建筑。

② 向上推动右侧的摇杆,让无人机前进飞行。

③ 同时,向右拨动云台俯仰拨轮,让相机抬头仰拍,多展示一些天空背景。

3.2.3 方法3:前飞俯拍运镜

使用前飞俯拍运镜可以最大化地突出主体,从大到小逐渐展示主体的细节,让观众更有代入感,如图3-6所示。

扫码看教学视频

图3-6 前飞俯拍运镜

拍摄方法如下。

① 用户向左拨动云台俯仰拨轮,让无人机在桥梁建筑侧面俯拍。

② 向上推动右侧的摇杆,让无人机前进飞行。

③ 同时,向左拨动云台俯仰拨轮,让相机俯拍,聚焦桥梁。

3.2.4　方法 4:越过前景前飞运镜

前景是可以让画面变得更有空间立体感的,通过越过前景进行前飞,可以让观众的视线跟随无人机的运动而运动,画面会更有现场代入感,如图 3-7 所示。

扫码看教学视频

图 3-7　越过前景前飞运镜

拍摄方法如下。

① 用户向左拨动云台俯仰拨轮，让无人机处于前景桥梁的侧面，并微微俯拍。

② 向上推动右侧的摇杆，让无人机前进飞行。

③ 让无人机持续前飞，越过前景，展示前方的景色。

本章小结

本章主要向大家介绍了 3 个基础的前飞运镜和 3 个升级版前飞运镜，包括直线前飞运镜、斜线前飞运镜、低角度前飞运镜、倾斜前飞运镜、前飞仰拍运镜、前飞俯拍运镜和越过前景前飞运镜，帮助大家掌握前飞运镜技巧，学会更多的拍摄方法。

课后习题

鉴于本章知识的重要性，为了帮助大家更好地掌握所学知识，本节将通过课后习题，帮助大家进行简单的知识回顾和巩固。

1. 直线前飞运镜的推杆方式是什么？
2. 请选择两种前飞运镜方式，在开阔地点进行练习。

第 4 章
后退运镜：交代环境展示现场

本章要点

前飞运镜是无人机往前运动，那么后退运镜就是无人机往后运动，前者是让镜头从整体聚焦于局部，后者则是从局部放大到整体。后退运镜中的景别一般是由小变大，起着对比或者反衬等作用，后退运镜中的画面空间比较大，可以让人产生宽广舒展的感觉。本章将为大家介绍几组后退运镜的拍摄技巧。

4.1 2个基础的后退运镜

用户在飞行和拍摄后退运镜时,要注意无人机周围的障碍物,因为当无人机后退飞行时,从图传画面中是无法看到无人机背后的环境的,确保飞行安全是非常重要的。本节为大家介绍 2 个基础的后退运镜。

4.1.1 方法 1:直线后退运镜

直线后退运镜主要用来展示主体周围的环境,让主体在画面中慢慢变小,周围的环境慢慢变大,展示广阔的空间,如图 4-1 所示。

扫码看教学视频

图 4-1 直线后退运镜

拍摄方法如下。

① 用户让无人机先靠近桥梁,拍摄局部,并进行对称构图。

② 向下推动右侧的摇杆,让无人机后退飞行,直到拍摄到桥梁的全貌。

4.1.2 方法2:斜线后退运镜

斜线后退运镜比直线后退运镜更有趣味,打杆的方式也不难,用户只需寻找合适的拍摄角度和规划好拍摄路线即可,如图4-2所示。

扫码看教学视频

图4-2 斜线后退运镜

拍摄方法如下。

① 用户让无人机飞升至一定的高度,平拍风光。

② 向右下方推动右侧摇杆,让无人机向右后方斜线后退飞行,展示别样风光。

4.2 5个升级版后退运镜

在学习了直线后退运镜和斜线后退运镜之后,本节将为大家介绍 5 个升级版后退运镜,帮助大家掌握更多的后退运镜方式。

4.2.1 方法 1:后退下降运镜

如果拍摄主体具有一定的高度,可以让无人机略微高于主体,再慢慢后退和下降,展示主体的全貌,制作出"揭晓谜底"的效果,如图 4-3 所示。

扫码看教学视频

图 4-3 后退下降运镜

拍摄方法如下。

① 用户让无人机处于桥梁的上方,从顶部拍摄桥梁。

② 向下推动右侧的摇杆,让无人机后退飞行。

③ 同时,向下推动左侧的摇杆,让无人机下降飞行,拍摄桥梁的全貌。

4.2.2 方法2:后退拉高运镜

后退拉高运镜比直线后退运镜更能展示环境的广阔,在无人机后退拉高时,周围的环境可以一览无遗,如图4-4所示。

扫码看教学视频

图 4-4 后退拉高运镜

拍摄方法如下。

① 用户让无人机飞行至一定的高度，靠近并微微俯拍主体建筑。

② 向下推动右侧的摇杆，让无人机后退飞行，远离建筑。

③ 同时，向上推动左侧的摇杆，让无人机上升飞行，拍摄广阔的环境。

4.2.3 方法3：后退俯拍运镜

扫码看教学视频

使用后退俯拍运镜时，需要寻找主体和重点，如果没有重点，那么这个镜头的意义就不大。这种运镜方式可以用来揭示主体的出场，让主体进行"亮相"，如图4-5所示。

图4-5　后退俯拍运镜

拍摄方法如下。
① 用户让无人机处于车子的前方,进行平拍。
② 向下推动右侧的摇杆,让无人机后退飞行。
③ 同时,向左拨动云台俯仰拨轮,让相机俯拍,展示车子。

4.2.4 方法 4:后退上升仰拍运镜

后退上升仰拍运镜可以从不同的高度和角度展示主体,让画面变得不那么单调,更有趣味,如图 4-6 所示。

扫码看教学视频

图 4-6 后退上升仰拍运镜

拍摄方法如下。

① 用户向左拨动云台俯仰拨轮,让无人机靠近并俯拍桥梁。
② 向下推动右侧的摇杆,让无人机后退飞行,远离桥梁。
③ 向上推动左侧的摇杆,让无人机上升飞行,拉升高度。
④ 同时,向右拨动云台俯仰拨轮,让相机微微仰拍,变换拍摄角度。

4.2.5　方法5:后退上升俯拍运镜

为了完整地拍摄出主体的全貌和周围的大环境,可以使用后退上升俯视运镜,进行全面记录,让视野变得更加广阔,如图4-7所示。

扫码看教学视频

图 4-7　后退上升俯拍运镜

拍摄方法如下。
① 用户让无人机靠近并平拍石塔。
② 向下推动右侧的摇杆,让无人机后退飞行,远离石塔。
③ 向上推动左侧的摇杆,让无人机上升飞行,拉升高度。
④ 同时,向左拨动云台俯仰拨轮,让相机进行俯拍,让地景画面变多些。

本章小结

本章主要向大家介绍了 2 个基础的后退运镜和 5 个升级版后退运镜,包括直线后退运镜、斜线后退运镜、后退下降运镜、后退拉高运镜、后退俯拍运镜、后退上升仰拍运镜和后退上升俯拍运镜,帮助大家掌握后退运镜技巧,学会更多的拍摄方法。

课后习题

鉴于本章知识的重要性,为了帮助大家更好地掌握所学知识,本节将通过课后习题,帮助大家进行简单的知识回顾和巩固。
1. 后退拉高运镜的推杆方式是什么?
2. 请选择两种后退运镜方式,在开阔地点进行练习。

第 5 章
上升运镜：展现高度气势磅礴

本章要点

上升运镜是指无人机从低角度或平拍角度慢慢升起，或者再进行俯视拍摄的一种镜头。上升运镜一般可以展示广阔的空间，也可以从局部到整体展示。上升运镜不仅具有连续性、动感的特点，在一些影视镜头中也可以起到描写环境、加强戏剧效果的作用。本章将为大家介绍相应的上升运镜。

5.1 2个基础的上升运镜

上升运镜是无人机飞行拍摄基础的运镜方式之一,本节将为大家介绍 2 个基础的上升运镜,帮助大家先奠定基础,再进行进阶学习。

5.1.1 方法 1:直线上升运镜

直线上升运镜是无人机航拍中比较基础和初级的飞行动作,让无人机飞行,必不可少的操作就是让无人机向上飞行。用户可以使用直线上升运镜慢慢地展示建筑及其周围的环境,如图 5-1 所示。

扫码看教学视频

图 5-1 直线上升运镜

拍摄方法如下。

① 用户让无人机先微微飞高，平拍建筑。

② 慢慢地向上推动左侧的摇杆，让无人机上升飞行一段距离。

5.1.2 方法2：斜线上升运镜

斜线上升运镜是指让无人机的上升路线变成一条斜线，在拍摄时，用户可以在做上升推杆的同时，再向左或者向右推杆，让无人机进行斜线上升，如图5-2所示。

扫码看教学视频

图 5-2 斜线上升运镜

拍摄方法如下。

① 用户让无人机放低高度，向上推动左侧的摇杆，让无人机向上飞行。

② 同时，向右推动右侧的摇杆，让无人机向右飞行，进行斜线上升飞行。

5.2 4个升级版上升运镜

对于不同的拍摄对象,会有不同的上升运镜拍摄方式,本节将为大家介绍4个升级版上升运镜,帮助大家学会更多的上升运镜技巧。

5.2.1 方法1:上升前飞运镜

如果无人机离目标比较远且相差一定的高度,就可以使用上升前飞运镜,让画面中心焦点聚集在目标上,进行强调和突出,如图5-3所示。

扫码看教学视频

图5-3 上升前飞运镜

拍摄方法如下。

① 用户让无人机在远处低飞，并朝向目标位置进行平拍。

② 向上推动左侧的摇杆，让无人机上升飞行。

③ 同时，向上推动右侧的摇杆，让无人机前进飞行，使目标占据大部分画面。

5.2.2 方法2：上升后退运镜

为了更全面、完整地展现目标对象，可以使用上升后退运镜拍摄目标主体，让画面中的目标越来越小，同时环境因素越来越多，如图5-4所示。

扫码看教学视频

图5-4 上升后退运镜

拍摄方法如下。

① 用户让无人机飞行至一定的高度，从桥梁的斜侧面俯拍。

② 向上推动左侧的摇杆，让无人机上升飞行。

③ 同时，向下推动右侧的摇杆，让无人机后退飞行，进行拉高后退。

5.2.3 方法 3：上升跟随运镜

扫码看教学视频

在复杂的环境中拍摄移动的对象时，可以使用上升跟随运镜拍摄，边跟随边上升，展示主体和其所处的大环境，让画面同时具有流动感，如图 5-5 所示。

图 5-5 上升跟随运镜

拍摄方法如下。

① 用户向左拨动云台俯仰拨轮，让无人机在车子的后面进行俯拍。

② 在车子前行时，用户向上推动左侧的摇杆，让无人机上升飞行。

③ 同时，向上推动右侧的摇杆，让无人机跟随车子进行前进飞行，并且边上升边跟随，直到车子在画面中消失。

5.2.4 方法4：上升后退仰拍运镜

如果在目标主体的后方还有更多的亮点，可以使用上升后退仰拍运镜，让惊喜慢慢"浮现"，同时展现出更全面的主体，如图5-6所示。

扫码看教学视频

图 5-6 上升后退仰拍运镜

拍摄方法如下。

① 用户向左拨动云台俯仰拨轮，让无人机俯拍桥梁。
② 向上推动左侧的摇杆，让无人机上升飞行。
③ 向下推动右侧的摇杆，让无人机后退飞行。
④ 同时，向右拨动云台俯仰拨轮，让无人机仰拍，拍摄到桥梁后面的风景。

本章小结

本章主要向大家介绍了 2 个基础的上升运镜和 4 个升级版上升运镜，包括直线上升运镜、斜线上升运镜、上升前飞运镜、上升后退运镜、上升跟随运镜和上升后退仰拍运镜，帮助大家掌握上升运镜技巧，学会更多的拍摄方法。

课后习题

鉴于本章知识的重要性，为了帮助大家更好地掌握所学知识，本节将通过课后习题，帮助大家进行简单的知识回顾和巩固。

1. 上升前飞运镜的推杆方式是什么？
2. 请选择两种上升运镜方式，在开阔地点进行练习。

第 6 章
下降运镜：表现空间点面关系

本章要点

下降运镜与上升运镜的运动方向相反，多用于交代环境地点。下降运镜可以用于交代纵向空间的变化，并产生高度感，所以最开始的拍摄角度可能是俯拍角度，在下降的过程中，慢慢收缩视野，渲染气氛。本章将为大家介绍一些下降运镜技巧。

6.1 2个基础的下降运镜

在拍摄下降运镜时,需要注意无人机下方的安全,因为高空一般是没有障碍物的,无人机越往下飞,障碍物就会变多。本节将为大家介绍2个基础的下降运镜。

6.1.1 方法1:直线下降运镜

下降镜头可以慢慢地展示地面上的前景,转移画面中的焦点和中心主体,让观众有惊喜感,如图6-1所示,所以在拍摄时,需要用户先构思好飞行路线,这样才能表达出画面重点。

扫码看教学视频

图6-1 直线下降运镜

拍摄方法如下。

① 用户让无人机飞升至一定的高度,平拍彩虹。

② 向下推动左侧的摇杆,让无人机下降飞行,降低高度,拍摄到地面的前景。

6.1.2 方法2:斜线下降运镜

扫码看教学视频

在拍摄斜线下降运镜时,用户需要寻找合适的前景,这样无人机在飞行拍摄时,画面才会富有变化和层次感,如图 6-2 所示。

图 6-2 斜线下降运镜

拍摄方法如下。

① 用户让无人机飞升至一定的高度,平拍风光,向下推动左侧的摇杆。

② 同时,向右推动右侧的摇杆,让无人机边下降边侧飞,拍摄斜线下降运镜。

6.2 4个升级版下降运镜

为了让大家进一步掌握更多的下降运镜拍摄技巧,本节将继续介绍 4 个升级版下降运镜,从而提升无人机视频运镜拍摄技巧。

6.2.1 方法 1:下降前飞运镜

在拍摄具有线条感的主体时,可以使用斜线构图技巧,让画面具有纵深感,同时进行下降前飞拍摄,让目标变得更清晰些,如图 6-3 所示。

扫码看教学视频

图 6-3 下降前飞运镜

拍摄方法如下。

① 用户调整云台俯仰拨轮,让无人机在远处微微俯拍水杉。

② 向下推动左侧的摇杆,让无人机下降飞行。

③ 同时,向上推动右侧的摇杆,让无人机前进飞行,边下降边前飞。

6.2.2 方法2:下降后退运镜

如果目标对象比较小,环境周围的前景比较多,那么使用下降后退运镜,就能让画面变得具有层次感,主体也会变得更突出一些,如图6-4所示。

扫码看教学视频

图6-4 下降后退运镜

拍摄方法如下。

① 用户让无人机飞行到石桥的上方，使石桥处于画面下方。

② 向下推动右侧的摇杆，让无人机后退飞行。

③ 同时，向下推动左侧的摇杆，让无人机下降飞行，边后退越过小船边下降，使越来越多的元素进入画面中，让视频整体变得像一幅画一般。

6.2.3 方法3：下降仰拍运镜

如果主体是人物，那么无人机也需要下降一定的高度，这样才能使主体变得清晰些，如果画面前方有美丽的风景，也可以进行仰拍，如图6-5所示。

扫码看教学视频

图6-5 下降仰拍运镜

拍摄方法如下。

① 用户向左拨动云台俯仰拨轮，让无人机俯拍石桥和桥上的人。

② 向下推动左侧的摇杆，让无人机下降飞行。

③ 同时，向右拨动云台俯仰拨轮，让相机仰拍，使人物位于画面中央，并拍摄远处的风景。

6.2.4 方法4：下降跟随运镜

在车子行驶时，可以使用下降跟随运镜进行跟拍，让画面具有连续感，观众具有代入感，如图6-6所示。

扫码看教学视频

图6-6 下降跟随运镜

拍摄方法如下。
① 用户向左拨动云台俯仰拨轮，让无人机俯拍正在倒车的车子。
② 向下推动左侧的摇杆，让无人机下降飞行。
③ 同时，向上推动右侧的摇杆，让无人机朝着车子的位置进行跟随前飞。

本章小结

本章主要向大家介绍了 2 个基础的下降运镜和 4 个升级版下降运镜，包括直线下降运镜、斜线下降运镜、下降前飞运镜、下降后退运镜、下降仰拍运镜和下降跟随运镜，帮助大家掌握下降运镜技巧，学会更多的拍摄方法。

课后习题

鉴于本章知识的重要性，为了帮助大家更好地掌握所学知识，本节将通过课后习题，帮助大家进行简单的知识回顾和巩固。

1. 下降前飞运镜的推杆方式是什么？
2. 请选择两种下降运镜方式，在开阔地点进行练习。

第 7 章
跟随运镜：营造沉浸式的体验

本章要点

跟随运镜是指无人机跟着被摄主体一起移动的镜头，镜头与被摄主体一般保持一定的距离，并与其运动速度一致，既可以从主体的正面跟随，也可以从主体的背面跟随，还可以从主体的侧面跟随，让画面具有沉浸感。除了手动操作摇杆拍摄跟随运镜，还可以使用智能跟随运镜模式进行拍摄。

7.1 3个手动跟随运镜

在拍摄手动跟随运镜时,需要有一个移动的对象,这个对象可以是人,也可以是船或者车子等对象。本节将为大家介绍 3 个手动跟随运镜。

7.1.1 方法 1:背面跟随运镜

背面跟随运镜主要从人物的背面进行跟随,人物的脸是完全隐藏的,因此背景就成为画面的另一个重点,如图 7-1 所示。

扫码看教学视频

图 7-1 背面跟随运镜

拍摄方法如下。

① 用户让无人机飞到人物的背面。

② 在人物前行时,慢慢地向上推动右侧的摇杆,让无人机跟随前飞。

7.1.2 方法2：侧面跟随运镜

侧面跟随运镜主要是拍摄人物的侧面，在跟随人物移动时，无人机进行侧面跟随，让人物不露出全脸，画面会带有一些神秘感，如图 7-2 所示。

扫码看教学视频

图 7-2 侧面跟随运镜

拍摄方法如下。

① 用户让无人机飞到人物的背面，并开启 3 倍焦距。

② 当人物前行时，慢慢地向左推动右侧的摇杆，让无人机向左飞行，跟随人物移动。

7.1.3 方法3：正面跟随运镜

正面跟随运镜是指用无人机拍摄人物的正面，从人物正面跟随人物，这样可以全面地展示人物的动作和神态，如图 7-3 所示。

扫码看教学视频

图 7-3　正面跟随运镜

拍摄方法如下。

① 用户让无人机飞到人物的正面，并开启 3 倍焦距。

② 在人物前行时，慢慢地向下推动右侧的摇杆，让无人机后退飞行，跟随人物移动。

☆ 温馨提示

由于无人机在空中拍摄到的人物是比较小的，所以开启 3 倍焦距可以让人物变大一些。如果无人机没有变焦模式，可以放低无人机高度，尽量靠近人物。

7.2 3个智能跟随运镜

在大疆 Mavic 3 Pro 无人机的智能跟随模式下，用户可以让无人机跟随目标对象飞行。无人机在跟随之前，需要用户框选目标，才能进行相应的设置，让无人机跟随目标飞行。本节将为大家介绍 3 个智能跟随运镜的拍摄方法。

7.2.1 方法 1：跟随模式

在跟随模式下，用户可以让无人机从前、后、左、右 4 个方向上跟随目标对象，并进行拍摄，视频效果如图 7-4 所示。

扫码看教学视频

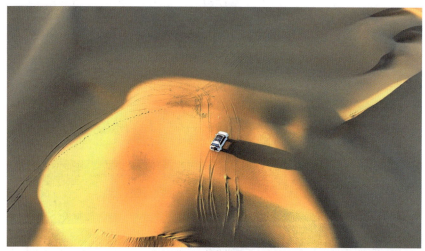

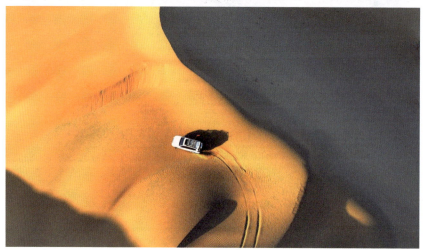

图 7-4　跟随模式视频效果

拍摄方法如下。

步骤01 在 DJI Fly App 的相机界面中，❶ 用手指在屏幕中框选车子为目标，框选成功之后，目标处于绿框内；❷ 绿框下面显示 图标，表示目标为车辆；❸ 在弹出的面板中选择"跟随"模式，如图 7-5 所示。

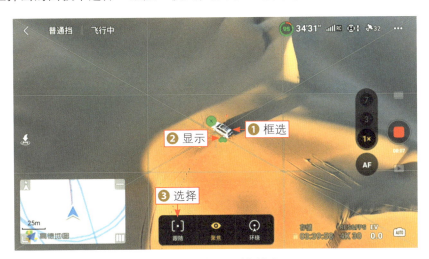

图 7-5 选择"跟随"模式

步骤02 弹出"追踪"菜单，❶ 默认选择 B 选项；❷ 点击 GO 按钮，如图 7-6 所示。B 表示从目标的背面跟随；F 表示从目标的正面跟随；R 表示从目标的右侧跟随；L 表示从目标的左侧跟随。

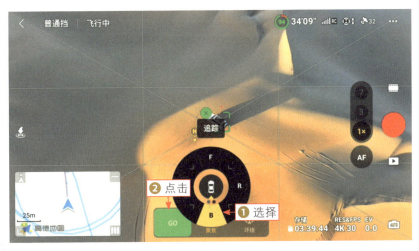

图 7-6 点击 GO 按钮

步骤03 无人机将跟随车子，并且边跟随边绕到车子的背面进行跟随拍摄，用户可以点击拍摄按钮 ■，拍摄视频，如图 7-7 所示。飞行完成后，点击 Stop（停止）按钮，无人机即可停止自动飞行和跟随。

图 7-7　点击拍摄按钮

7.2.2　方法 2：聚焦模式

当使用聚焦跟随模式时，无人机将锁定目标对象，不论无人机向哪个方向飞行，相机镜头都会一直锁定目标对象。如果用户进行打杆，那么无人机将调整高度和位置，但云台相机镜头会紧紧锁定和跟踪目标对象，视频效果如图 7-8 所示。

第7章 跟随运镜：营造沉浸式的体验

图 7-8 聚焦模式视频效果

拍摄方法如下。

步骤 01 在 DJI Fly App 的相机界面中，❶ 用手指在屏幕中框选游船为目标，框选成功之后，目标处于绿框内。绿框下面显示 图标，表示目标为船；❷ 在弹出的面板中默认选择"聚焦"模式；❸ 点击拍摄按钮 ，如图 7-9 所示，拍摄视频。

图 7-9 点击拍摄按钮

步骤 02 在游船前行的时候，用户可以调整无人机的高度和云台相机俯仰角度，但无人机的相机云台会自动调整角度来锁定目标，如图 7-10 所示。

75

图 7-10 调整无人机的高度和云台相机俯仰角度

7.2.3 方法3：环绕模式

环绕模式是指让无人机环绕目标对象飞行，既可以让无人机向左环绕，也可以让无人机向右环绕，同时还能设置环绕飞行的速度。如果不停止该模式，无人机将环绕对象连续飞行直到电量告急，视频效果如图 7-11 所示。

扫码看教学视频

图 7-11 环绕模式视频效果

拍摄方法如下。

步骤 01 让无人机飞升至一定的高度,相机镜头朝向沙漠中的人物,在 DJI Fly App 的相机界面中,❶ 点击 3 按钮,开启 3× 焦距;❷ 用手指在屏幕中框选人物为目标,框选成功之后,目标处于绿框内;❸ 点击拍摄按钮 ⬤,拍摄视频;❹ 在弹出的面板中选择"环绕"模式,如图 7-12 所示。

图 7-12 选择"环绕"模式

步骤02 ❶ 默认设置向右环绕的方式；❷ 向右拖曳滑块，提升飞行的速度；❸ 点击 GO（启动）按钮，如图 7-13 所示。

图 7-13 点击 GO 按钮

步骤03 无人机将环绕人物向右飞行，如图 7-14 所示，点击 Stop（停止）按钮，无人机即可停止自动飞行。

☆ 温馨提示

在环绕模式下，滑块越往箭头上的位置拖曳，无人机的飞行速度就会越快。

第7章 跟随运镜：营造沉浸式的体验

图 7-14 无人机将环绕人物向右飞行

本章小结

本章主要向大家介绍了 3 个手动跟随运镜和 3 个智能跟随运镜，包括背面跟随运镜、侧面跟随运镜、正面跟随运镜、跟随模式、聚焦模式和环绕运镜，帮助大家掌握跟随运镜技巧，学会更多的拍摄方法。

课后习题

鉴于本章知识的重要性，为了帮助大家更好地掌握所学知识，本节将通过课后习题，帮助大家进行简单的知识回顾和巩固。

1. 在人物向左行走时，进行手动侧面跟随运镜拍摄的打杆方式是什么？
2. 请选择两种跟随运镜方式，在开阔地点进行练习。

第 8 章
侧飞运镜：调动动态视觉感受

本章要点

侧飞运镜通常是让画面从静态变得运动起来，或者用来转移场景。在一些大场面、大纵深、多景物、多层次等复杂空间中，使用侧飞镜头可以表现其完整性和连贯性。侧飞运镜的流动感还能让观众产生身临其境的感受。本章将为大家介绍侧飞运镜的技巧。

8.1 2个基础的侧飞运镜

侧飞运镜,顾名思义,就是让无人机侧着"身子"飞行。在拍摄侧飞运镜时,保持画面的稳定性和流畅度的秘诀在于匀速推杆,保持推杆的幅度不变,这样才能拍摄出流畅且顺滑的画面。本节将为大家介绍 2 个基础的侧飞运镜。

8.1.1 方法 1:向左侧飞运镜

向左侧飞镜头是指无人机从右侧飞向左侧,从右向左展示画面,如图 8-1 所示,让画面慢慢地水平移动展示,适合用来拍摄具有水平延展性的主体。

扫码看教学视频

图 8-1 向左侧飞运镜

拍摄方法如下。

① 用户让无人机飞升至一定的高度,平拍江面上的沙洲。

② 向左推动右侧的摇杆,让无人机向左飞行,越过岸边,拍摄到沙洲的左面。

8.1.2　方法2:向右侧飞运镜

向右侧飞运镜是一种右移镜头,与向左侧飞运镜的方向刚好相反,无人机向右移动飞行,拍摄城市的街景,可以在水平面上展现场景的层次感,如图8-2所示。

扫码看教学视频

图8-2　向右侧飞运镜

拍摄方法如下。

① 用户让无人机飞升至一定的高度,平拍城市风光。

② 向右推动右侧的摇杆,让无人机向右飞行,展示右边的风光。

8.2 3个升级版侧飞运镜

相较于基础的侧飞运镜,升级版侧飞运镜会多一些操作,展示出来的视频画面也不一样。本节将为大家介绍 3 个升级版侧飞运镜,帮助大家进行提升学习。

8.2.1 方法 1:上升左飞运镜

在拍摄上升左飞运镜时,需要画面的左侧有目标物,最好选择建筑作为前景,这样画面的层次感才能变得更加明显,如图 8-3 所示。

扫码看教学视频

图 8-3 上升左飞运镜

拍摄方法如下。

① 用户让无人机在建筑的右侧低角度飞行。

② 向左推动右侧的摇杆,让无人机向左飞行。

③ 同时,向上推动左侧的摇杆,让无人机上升,从而边上升边向左飞行。

8.2.2 方法2:下降侧飞运镜

下降侧飞运镜的推杆方式与上升左飞运镜的运镜方式有区别,主要在于上升推杆变成了下降推杆,根据视频画面需要,再选择向左或者向右侧飞,如图8-4所示。

扫码看教学视频

图8-4 下降侧飞运镜

拍摄方法如下。

① 用户让无人机在湖面上方飞行。

② 向下推动左侧的摇杆，让无人机下降飞行。

③ 同时，向左推动右侧的摇杆，让无人机向左侧飞，从而边下降边向左飞行。

8.2.3 方法3：长焦侧飞运镜

根据物体的移动方向，可以改变无人机的侧飞方向，相互配合。开启长焦，可以让画面空间具有压缩感，画面背景也会变得更加简洁，如图8-5所示。

扫码看教学视频

图 8-5 长焦侧飞运镜

拍摄方法如下。

① 用户让无人机飞到桥梁的侧面，进行斜线构图，并开启 3 倍焦距。

② 根据近处车流的运动方向，向右推动右侧的摇杆，让无人机向右飞行，跟随车流向右侧飞。

本章小结

本章主要向大家介绍了 2 个基础的侧飞运镜和 3 个升级版侧飞运镜，包括向左侧飞运镜、向右侧飞运镜、上升左飞运镜、下降侧飞运镜和长焦侧飞运镜，帮助大家掌握侧飞运镜技巧，学会更多的拍摄方法。

课后习题

鉴于本章知识的重要性，为了帮助大家更好地掌握所学知识，本节将通过课后习题，帮助大家进行简单的知识回顾和巩固。

1. 向右侧飞运镜的推杆方式是什么？
2. 请选择两种侧飞运镜方式，在开阔地点进行练习。

第 9 章
旋转与环绕运镜：突出主体渲染气氛

本章要点

旋转运镜是无人机旋转机身进行拍摄的镜头，环绕运镜则是无人机围着主体环绕拍摄，旋转和环绕角度可以最大到 360°。对于拍摄的主体，既可以是静止的，也可以是运动的。拍摄环绕运镜的过程中，无人机与主体之间的距离可以变动，画面会更有张力，借此渲染气氛。本章将介绍旋转与环绕运镜的拍摄技巧。

9.1 2个简单的旋转运镜

旋转运镜也称为原地转圈飞行镜头,是指当无人机飞到高空后,用户向左或者向右推动左侧的摇杆,让无人机进行原地旋转。本节将介绍2个简单的旋转运镜。

9.1.1 方法1:向左旋转运镜

图 9-1 所示为一段向左旋转运镜画面,无人机在景区上空向左旋转飞行拍摄,将周围的美景风光尽收眼底。

扫码看教学视频

图 9-1　向左旋转运镜

拍摄方法如下。

① 用户让无人机飞升至一定的高度，平拍风光。

② 向左推动左侧的摇杆，让无人机向左旋转机身，拍摄向左旋转运镜。

9.1.2 方法2：向右旋转运镜

向右旋转运镜与向左旋转运镜的方向刚好相反，无人机向右旋转机身，拍摄美丽的风光，同样可以全面地记录场景，如图9-2所示。

扫码看教学视频

图9-2 向右旋转运镜

拍摄方法如下。

① 用户让无人机飞升至一定的高度，平拍风光。

② 向右推动左侧的摇杆，让无人机向右旋转机身，拍摄向右旋转运镜。

9.2 2个基础的环绕运镜

环绕运镜也称"刷锅",是指无人机围绕某个物体做圆周运动,包括向左顺时针环绕和向右逆时针环绕。在环绕飞行之前,最好先找到环绕中心,如人物、车子、建筑等物体。本节将为大家介绍 2 个基础的环绕运镜。

9.2.1 方法 1:顺时针环绕运镜

扫码看教学视频

选择以建筑为主体,无人机在高处俯拍,并围绕建筑环绕拍摄,从正面向左侧顺时针环绕,并环绕建筑一周飞行拍摄,如图 9-3 所示。

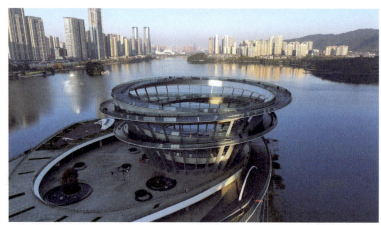

图 9-3 顺时针环绕运镜

拍摄方法如下。

① 用户让无人机飞升至一定的高度,向左拨动云台俯仰拨轮,微微俯拍建筑。

② 向右推动左侧的摇杆。

③ 同时,向左推动右侧的摇杆,让无人机向左侧顺时针环绕主体,拍摄顺时针环绕运镜。

9.2.2 方法 2:逆时针环绕运镜

无人机以高塔为主体,围绕高塔环绕拍摄,从高塔的侧面向右侧逆时针环绕,拍摄到高塔的正面,如图 9-4 所示。

扫码看教学视频

图 9-4 逆时针环绕运镜

拍摄方法如下。

① 用户让无人机飞升至一定的高度,拍摄高塔的侧面。

② 向左推动左侧的摇杆。

③ 同时,向右推动右侧的摇杆,让无人机向右侧逆时针环绕主体,拍摄逆时针环绕运镜。

9.3 5个升级版环绕运镜

为了让大家学习更多的环绕运镜拍摄方法,本节将为大家介绍 5 个升级版环绕运镜,帮助大家掌握更多拍法,提升拍摄技能。

9.3.1 方法 1:长焦环绕运镜

在使用长焦镜头拍摄环绕运镜时,需要注意无人机周围的环境,保障安全,在推杆时还需要匀速并关注图传画面,让焦点不偏离画面中心,如图 9-5 所示。

扫码看教学视频

图 9-5 长焦环绕运镜

拍摄方法如下。

① 用户让无人机飞到建筑的斜侧面,平拍建筑,并开启 3 倍焦距。

② 向右推动左侧的摇杆。

③ 同时,向左推动右侧的摇杆,让无人机向左侧顺时针环绕主体,拍摄长焦环绕运镜。

9.3.2 方法 2:环绕上升运镜

环绕上升运镜的形式是让无人机围绕主体边环绕飞行边上升,无人机会不停地改变环绕角度和拍摄高度,如图 9-6 所示。

扫码看教学视频

图 9-6 环绕上升运镜

拍摄方法如下。

① 用户让无人机飞升至一定的高度，向左拨动云台俯仰拨轮，微微俯拍车子。

② 向右上方推动左侧的摇杆。

③ 同时，向左推动右侧的摇杆，让无人机向左上方顺时针环绕主体，并上升飞行，拍摄环绕上升运镜。

9.3.3 方法3：环绕靠近运镜

环绕靠近运镜，顾名思义，就是让无人机在环绕主体的同时，向主体的位置靠近飞行，一边环绕一边缩短环绕距离，如图9-7所示。

扫码看教学视频

图9-7 环绕靠近运镜

拍摄方法如下。

① 用户让无人机飞升至一定的高度，平拍远处驶来的货轮。

② 向左推动左侧的摇杆。

③ 同时，向右上方推动右侧的摇杆，让无人机向右上方逆时针环绕主体，并向前飞行，靠近主体，拍摄环绕靠近运镜。

9.3.4 方法4：环绕远离运镜

环绕远离运镜，顾名思义，就是让无人机在环绕主体的同时，远离主体，一边环绕一边拉远环绕距离，如图9-8所示。

扫码看教学视频

图9-8 环绕远离运镜

拍摄方法如下。

① 用户让无人机飞升至一定的高度，靠近平拍建筑。

② 向左推动左侧的摇杆。

③ 同时，向右下方推动右侧的摇杆，让无人机向右下方逆时针环绕主体，并后退飞行，远离主体，拍摄环绕远离运镜。

9.3.5　方法5：环绕下降靠近运镜

环绕下降靠近运镜，是指让无人机在环绕主体的同时，进行下降和前进飞行，降低高度，并靠近主体，如图9-9所示。

扫码看教学视频

图9-9　环绕下降靠近运镜

拍摄方法如下。

① 用户让无人机飞升至一定的高度，向左拨动云台俯仰拨轮，微微俯拍建筑。

② 向右下方推动左侧的摇杆。

③ 同时，向左上方推动右侧的摇杆，让无人机向左下方顺时针环绕主体，并下降和前进飞行，拍摄环绕下降靠近运镜。

☆ 温馨提示

环绕上升远离运镜的打杆方式与环绕下降靠近运镜的打杆方式刚好方向相反。掌握本章的环绕飞行运镜方式，就可以举一反三，进行随心搭配，因为打杆的方式是相通的。

打杆的幅度会影响环绕的速度，为了让环绕镜头拍摄得更流畅，最好保持匀速打杆的力度，不要随意变动打杆力度，否则画面会变得忽快忽慢。

本章小结

本章主要向大家介绍了 2 个简单的旋转运镜、2 个基础的环绕运镜和 5 个升级版环绕运镜，包括向左旋转运镜、向右旋转运镜、顺时针环绕运镜、逆时针环绕运镜、长焦环绕运镜、环绕上升运镜、环绕靠近运镜、环绕远离运镜和环绕下降靠近运镜，帮助大家掌握旋转和环绕运镜技巧，学会更多的拍摄方法。

课后习题

鉴于本章知识的重要性，为了帮助大家更好地掌握所学知识，本节将通过课后习题，帮助大家进行简单的知识回顾和巩固。

1. 向左旋转运镜的推杆方式是什么？
2. 请选择本章的两种运镜方式，在开阔地点进行练习。

第 10 章
俯仰运镜：扩大视野展现空间

本章要点

在无人机机身位置不变的情况下，根据云台相机的灵活性，可以实现仰拍角度最大到35°，俯拍角度最大到90°，让航拍视野变得更加宽广。此外，云台相机还可以配合打杆方式，进行多角度、多高度的运镜拍摄，让视频拍摄拥有更多的玩法。本章将为大家介绍一些俯仰运镜的拍摄技巧。

10.1 3个基础的俯仰运镜

根据无人机云台相机的灵活性,既可以进行仰拍,也可以进行俯拍。本节将为大家介绍 3 个基础的俯仰运镜。

10.1.1 方法 1:仰视上抬运镜

仰视上抬运镜主要是让无人机云台相机慢慢仰拍,就像"抬头"一样,这个运镜方法可以用来揭示主体,拍摄开场镜头,如图 10-1 所示。

扫码看教学视频

图 10-1 仰视上抬运镜

拍摄方法如下。

① 用户让无人机飞升至一定的高度，向左拨动云台俯仰拨轮，俯拍人物背面的环境。

② 慢慢向右拨动云台俯仰拨轮，进行仰拍，让人物慢慢出现在画面中。

10.1.2 方法2：俯视下压运镜

俯视下压运镜与仰视上抬运镜的俯仰角度刚好相反，让云台相机慢慢"低头"，进行下压，俯拍人物和风景，如图10-2所示。

扫码看教学视频

图10-2 俯视下压运镜

拍摄方法如下。

① 用户让无人机飞升至一定的高度，平拍前飞的风光。

② 慢慢向左拨动云台俯仰拨轮，进行俯拍，让人物慢慢出现在画面中。

10.1.3 方法 3：俯视悬停运镜

俯视航拍中最简单的一种就是俯视悬停运镜。俯视悬停是指将无人机停在固定的位置上，云台相机垂直 90° 朝下，一般用来拍摄移动的目标，如道路上的车流、水中的游船及游泳的人等，如图 10-3 所示。

扫码看教学视频

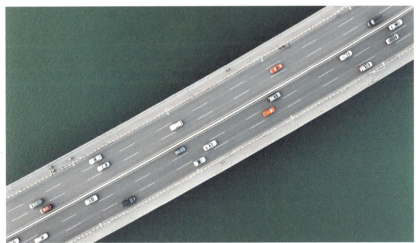

图 10-3 俯视悬停运镜

拍摄方法如下。

① 用户让无人机飞升至一定的高度，拍摄道路。

② 向左拨动云台俯仰拨轮，调整角度至 90°，并进行斜线构图，悬停拍摄。

10.2　7个升级版俯视运镜

本节主要介绍 7 个升级版俯视运镜，因为完全的俯视视角只有无人机航拍才能轻易实现，希望大家学好本节内容，熟练掌握无人机的俯视航拍技巧。

10.2.1　方法 1：俯视前飞运镜

俯视前飞运镜是指将云台相机调整到与地面 90°垂直，然后直线前飞，这样的航线适合用来航拍道路，如图 10-4 所示，同时，也可以用来航拍高楼建筑。

扫码看教学视频

图 10-4　俯视前飞运镜

拍摄方法如下。

① 用户让无人机飞升至一定的高度，向左拨动云台俯仰拨轮，调整角度至 90°，俯拍公园道路，并进行居中构图。

② 向上推动右侧的摇杆，让无人机向前飞行，拍摄俯视前飞运镜。

10.2.2　方法 2：俯视左飞运镜

俯视左飞运镜是指将云台相机调整到与地面 90° 垂直，然后向左飞行，适合用来航拍在水平面上具有变化的主体，如道路或者建筑，如图 10-5 所示。

扫码看教学视频

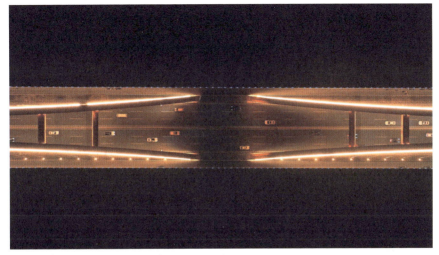

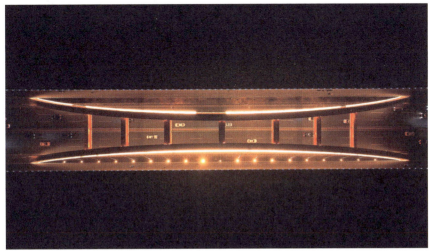

图 10-5　俯视左飞运镜

拍摄方法如下。

① 用户让无人机飞升至一定的高度，向左拨动云台俯仰拨轮，调整角度至 90°，俯拍道路，并进行二分法构图。

② 向左推动右侧的摇杆，让无人机向左飞行，拍摄俯视左飞运镜。

10.2.3 方法 3：俯视上升运镜

俯视上升运镜适合用在拍摄具有图案美的主体中，如几何图案或者具有排列规律的图案，在无人机上升到一定的高度时，展示主体的图案全貌，如图 10-6 所示。

扫码看教学视频

图 10-6 俯视上升运镜

拍摄方法如下。

① 用户让无人机飞升至一定的高度，向左拨动云台俯仰拨轮，调整角度至 90°，俯拍水杉林。

② 向上推动左侧的摇杆，让无人机上升飞行，拍摄俯视上升运镜，展示水杉林的全貌。

☆ 温馨提示

在拍摄俯拍运镜时，需要注意构图，最好使用中心构图，让主体处于画面中心位置，这样就有了焦点，便于传达视频的主题。

10.2.4 方法4：俯视下降运镜

扫码看教学视频

俯视下降运镜与俯视上升运镜的运动方向相反，画面中的主体会由小变大，背景环境则会慢慢变少，放大主体的细节，让画面更有视觉冲击力，如图 10-7 所示。

图 10-7　俯视下降运镜

拍摄方法如下。

① 用户让无人机飞升至一定的高度，向左拨动云台俯仰拨轮，调整角度至90°，并进行斜线构图，俯拍公园。

② 向下推动左侧的摇杆，让无人机下降飞行，拍摄俯视下降运镜。

10.2.5 方法5：俯视旋转运镜

具有高度的俯视镜头，可以展现画面空间，再使用俯视旋转运镜，拍摄具有几何美的主体，可以让画面变得有动感，如图10-8所示。

扫码看教学视频

图 10-8 俯视旋转运镜

拍摄方法如下。

① 用户让无人机飞升至一定的高度，向左拨动云台俯仰拨轮，调整角度至 90°，并进行居中构图，俯拍建筑。

② 向右推动左侧的摇杆，让无人机旋转飞行，拍摄俯视旋转运镜。

10.2.6 方法 6：俯视旋转上升运镜

单纯的俯视上升或者俯视下降运镜，整个飞行拍摄过程可能会显得有些单调，但加上旋转手法，会让画面变得有趣起来。这种运镜方式适合拍摄使用向心构图法的画面，如图 10-9 所示。

扫码看教学视频

图 10-9

图 10-9 俯视旋转上升运镜

拍摄方法如下。

① 用户让无人机飞升至一定的高度,向左拨动云台俯仰拨轮,调整角度至90°,并进行向心构图,俯拍地面。

② 向左上方推动左侧的摇杆,让无人机上升旋转飞行,拍摄俯视旋转上升运镜,展示地面图案的全貌。

10.2.7 方法 7:俯视旋转下降运镜

扫码看教学视频

俯视旋转下降运镜与俯视上升运镜的高度相反,但是旋转方向可以调整,既可以向左旋转,也可以向右旋转,由用户的喜好决定,如图 10-10 所示。

图 10-10 俯视旋转下降运镜

拍摄方法如下。

① 用户让无人机飞升至一定的高度,向左拨动云台俯仰拨轮,调整角度至 90°,并进行向心构图,俯拍建筑。

② 向右下方推动左侧的摇杆,让无人机下降旋转飞行,拍摄俯视旋转下降运镜,放大建筑。

本章小结

本章主要向大家介绍了 3 个基础的俯仰运镜和 7 个升级版俯视运镜,包括仰视上抬运镜、俯视下压运镜、俯视悬停运镜、俯视前飞运镜、俯视左飞运镜、俯视上升运镜、俯视下降运镜、俯视旋转运镜、俯视旋转上升运镜和俯视旋转下降运镜,帮助大家掌握俯仰运镜技巧,学会更多的拍摄方法。

课后习题

鉴于本章知识的重要性,为了帮助大家更好地掌握所学知识,本节将通过课后习题,帮助大家进行简单的知识回顾和巩固。

1. 俯视前飞运镜的推杆方式是什么?
2. 请选择两种俯仰运镜方式,在开阔地点进行练习。

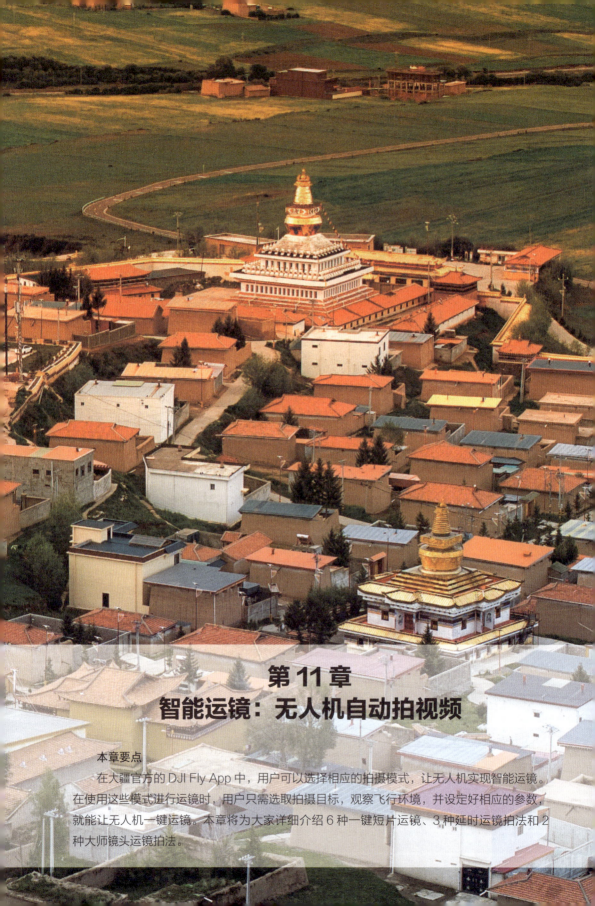

第 11 章
智能运镜：无人机自动拍视频

本章要点

在大疆官方的 DJI Fly App 中，用户可以选择相应的拍摄模式，让无人机实现智能运镜。在使用这些模式进行运镜时，用户只需选取拍摄目标，观察飞行环境，并设定好相应的参数，就能让无人机一键运镜。本章将为大家详细介绍 6 种一键短片运镜、3 种延时运镜拍法和 2 种大师镜头运镜拍法。

11.1 6种一键短片运镜

本节主要介绍 6 种一键短片运镜方式，如渐远模式运镜、冲天模式运镜、环绕模式运镜等，让用户可以一键操作，实现航拍运镜。

11.1.1 方法 1：渐远模式

一键短片模式中的渐远模式运镜是指无人机以目标为中心，逐渐后退并上升飞行。在使用渐远模式拍摄视频时，需要先选择拍摄目标，无人机才能进行相应的飞行操作。使用渐远模式拍摄的运镜视频效果如图 11-1 所示。

扫码看教学视频

图 11-1 使用渐远模式拍摄的运镜视频效果

拍摄方法如下。

步骤 01 在 DJI Fly App 的相机界面中，点击拍摄模式按钮，如图 11-2 所示。

图 11-2 点击拍摄模式按钮

步骤02 在弹出的面板中，❶选择"一键短片"选项；❷默认选择"渐远"拍摄模式；❸点击画面，如图 11-3 所示，消除提示。

图 11-3　点击画面

步骤03 ❶在屏幕中框选人物为目标，目标被选择之后，会位于绿色的方框内；❷默认设置"距离"参数为 30m；❸点击 Start（开始）按钮，如图 11-4 所示，执行操作后，无人机进行后退和拉高飞行。拍摄任务完成后，无人机将自动返回到起点。

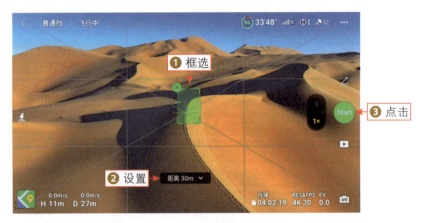

图 11-4　点击 Start（开始）按钮

11.1.2　方法 2：冲天模式

使用冲天模式拍摄运镜时，在框选目标对象后，无人机的云台相机将俯视目标对象，然后上升飞行，离目标对象越飞越远。使用冲天模式拍摄的运镜视频效果如图 11-5 所示。

扫码看教学视频

图 11-5 使用冲天模式拍摄的运镜视频效果

拍摄方法如下。

步骤01 ❶ 在"一键短片"模式中框选车子为目标;❷ 点击拍摄模式按钮,如图 11-6 所示。

图 11-6 点击拍摄模式按钮

步骤02 在弹出的面板中,❶ 选择"冲天"拍摄模式;❷ 默认设置"高度"参数为 30m;❸ 点击 Start(开始)按钮,如图 11-7 所示,无人机即可进行拉高飞行。

图 11-7 点击 Start(开始)按钮

11.1.3 方法3：环绕模式

环绕模式运镜是指无人机围绕目标对象，并固定半径，环绕一周飞行。使用环绕模式拍摄的运镜视频效果如图 11-8 所示。

扫码看教学视频

图 11-8　使用环绕模式拍摄的运镜视频效果

拍摄方法如下。

步骤01 在拍摄模式面板中，❶ 选择"一键短片"选项；❷ 选择"环绕"拍摄模式；❸ 点击画面，如图 11-9 所示，消除提示。

图 11-9　点击画面

步骤02 ❶ 在屏幕中框选人物为目标，框选目标之后，默认为向右逆时针环

114

绕飞行方式；❷ 点击 Start（开始）按钮，如图 11-10 所示，无人机环绕一周后，回到起点。

图 11-10　点击 Start（开始）按钮

11.1.4　方法 4：螺旋模式

扫码看教学视频

螺旋模式运镜是指无人机围绕目标对象飞行一圈，并逐渐拉升一段距离。使用螺旋模式拍摄的运镜视频效果如图 11-11 所示。

图 11-11　使用螺旋模式拍摄的运镜视频效果

拍摄方法如下。

步骤 01　在拍摄模式面板中，❶ 选择"一键短片"选项；❷ 选择"螺旋"拍摄模式；❸ 点击画面，如图 11-12 所示，消除提示。

步骤 02　❶ 点击 3 按钮，开启 3× 变焦；❷ 框选车子为目标；❸ 选择向左顺时针环绕方式；❹ 点击 Start（开始）按钮，如图 11-13 所示，无人机即可围绕目标对象顺时针飞行一圈，并逐渐拉升一段距离。拍摄完成之后，再返回到起点。

图 11-12 点击画面

图 11-13 点击 Start（开始）按钮

11.1.5 方法 5：彗星模式

在使用彗星模式拍摄运镜视频时，无人机将围绕目标飞行，并逐渐上升到最远端，再逐渐下降返回起点。使用彗星模式拍摄的运镜视频效果如图 11-14 所示。

扫码看教学视频

图 11-14 使用彗星模式拍摄的运镜视频效果

第11章 智能运镜：无人机自动拍视频

拍摄方法如下。

步骤 01 在拍摄模式面板中，❶ 选择"一键短片"选项；❷ 选择"彗星"拍摄模式；❸ 点击画面，如图 11-15 所示，消除提示。

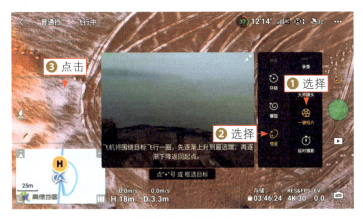

图 11-15　点击画面

步骤 02 ❶ 框选车子为目标；❷ 选择向右逆时针环绕方式；❸ 点击 Start（开始）按钮，如图 11-16 所示，无人机即可围绕目标进行环绕上升飞行，最后会再飞回到起点。

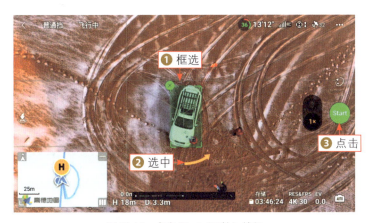

图 11-16　点击 Start（开始）按钮

11.1.6　方法 6：小行星模式

使用小行星模式拍摄运镜，可以完成一个从局部到全景的漫游小视频，效果非常吸人眼球。使用小行星模式拍摄的运镜视频效果如图 11-17 所示。

扫码看教学视频

117

图 11-17 使用小行星模式拍摄的运镜视频效果

拍摄方法如下。

步骤01 在拍摄模式面板中，❶ 选择"一键短片"选项；❷ 选择"小行星"拍摄模式；❸ 点击画面，如图 11-18 所示，消除提示。

图 11-18 点击画面

步骤02 ❶ 在屏幕中框选人物为目标；❷ 点击 Start（开始）按钮，如图 11-19 所示，无人机开始飞行和拍摄。

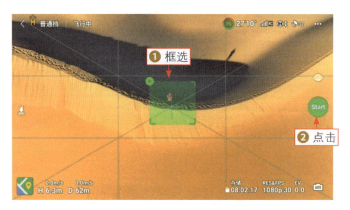

图 11-19 点击 Start（开始）按钮

11.2　3种延时运镜拍法

在使用无人机拍摄延时视频时，可以利用无人机中的延时模式，拍摄延时运镜视频。本节将为大家介绍3种延时运镜拍法，包含环绕延时、定向延时和轨迹延时，帮助大家学会更多的智能运镜拍法。

11.2.1　方法1：环绕延时运镜

在环绕延时模式中，无人机可以自动根据框选的目标计算环绕半径，用户可以选择顺时针或者逆时针环绕拍摄。在选择环绕目标对象时，尽量选择位置上没有明显变化的物体对象。使用环绕延时模式拍摄的运镜视频效果如图11-20所示。

扫码看教学视频

图 11-20　使用环绕延时模式拍摄的运镜视频效果

拍摄方法如下。

步骤 01 在 DJI Fly App 的相机界面中，点击拍摄模式按钮 ，在弹出的面板中，❶选择"延时摄影"选项；❷选择"环绕延时"拍摄模式，如图11-21所示。

图 11-21　选择"环绕延时"拍摄模式

步骤02 ❶用手指在屏幕中框选目标；❷设置"视频时长"参数为6s，拍摄间隔、速度和环绕方向保持默认设置；❸点击拍摄按钮⬤，如图11-22所示。

图 11-22　点击拍摄按钮

步骤03 无人机测算一段距离之后，开始围绕目标拍摄序列照片。拍摄完成后，无人机会自动合成视频，并弹出"正在合成视频"提示，如图11-23所示。

图 11-23　弹出"正在合成视频"提示

11.2.2　方法2：定向延时运镜

在定向延时模式下，一般默认当前无人机的朝向设定飞行方向，如果不修改无人机的镜头朝向，无人机则向前飞行。使用定向延时模式拍摄的运镜视频效果如图11-24所示，同时也是一段前进延时视频。

扫码看教学视频

第 11 章 智能运镜：无人机自动拍视频

图 11-24 使用定向延时模式拍摄的运镜视频效果

拍摄方法如下。

步骤 01 在界面中点击拍摄模式按钮，弹出相应的面板，❶ 选择"延时摄影"选项；❷ 选择"定向延时"拍摄模式；❸ 点击画面，如图 11-25 所示，消除提示。

图 11-25 点击画面

步骤 02 ❶ 点击下拉按钮；❷ 点击锁定按钮，锁定航线；❸ 设置"视频时长"参数为 8s、"速度"参数为 1.0m/s；❹ 点击拍摄按钮，如图 11-26 所示。

图 11-26 点击拍摄按钮

121

步骤03 无人机拍摄序列照片完成之后,界面中显示合成进度,并弹出"正在合成视频"提示,如图 11-27 所示,稍等片刻,延时视频合成完毕。

图 11-27 弹出"正在合成视频"提示

11.2.3 方法 3:轨迹延时运镜

在使用轨迹延时模式拍摄运镜视频时,需要设置画面的起幅点和落幅点。在拍摄之前,用户需要提前让无人机沿着航线飞行,到达所需的高度,设定朝向后再添加航点,航点会记录无人机的高度、朝向和摄像头角度。

全部航点设置完毕后,无人机可以按正序或倒序的方式拍摄轨迹延时。使用轨迹延时模式拍摄的运镜视频效果如图 11-28 所示,同时也是一段俯视旋转上升延时视频。

图 11-28 使用轨迹延时模式拍摄的运镜视频效果

拍摄方法如下。

步骤01 在 DJI Fly App 的相机界面中,点击拍摄模式按钮,在弹出的面板中,❶选择"延时摄影"选项;❷选择"轨迹延时"拍摄模式;❸点击"请设置取景点"按钮,如图 11-29 所示。

图 11-29 点击"请设置取景点"按钮

步骤02 点击 + 按钮,设置无人机轨迹飞行的起幅点,如图 11-30 所示。

图 11-30 点击相应按钮(1)

步骤03 向下推动左摇杆,让无人机下降飞行至一定的高度,向右推动左摇杆,让无人机顺时针旋转 175°,点击 + 按钮,添加落幅点,如图 11-31 所示。

步骤04 点击更多按钮 ,❶ 设置"逆序"拍摄顺序,默认设置"拍摄间隔"参数为 2s、"视频时长"参数为 9s;❷ 点击拍摄按钮 ,如图 11-32 所示。

步骤05 无人机从落幅点沿着轨迹进行逆序飞行并拍摄序列照片,拍摄和视频合成完毕之后,弹出"视频合成完毕"提示,如图 11-33 所示。

☆ 温馨提示

由于延时拍摄的时间较长,建议用户让无人机在电量充足的情况下拍摄。

图 11-31 点击相应按钮（2）

图 11-32 点击拍摄按钮

图 11-33 弹出"视频合成完毕"提示

11.3 大师镜头运镜拍法

大师镜头对于小白来说，是非常实用的一个智能拍摄模式。当你面对目标物，却不知道如何运镜时，在 DJI Fly App 的相机界面中选择"大师镜头"拍摄模式，就能给你带来不一样的视角和惊喜。本节将为大家介绍相应的运镜拍法。

11.3.1 步骤 1：选择拍摄主体

扫码看教学视频

在"大师镜头"模式下，无人机会根据拍摄对象，自动规划出飞行轨迹。无人机是自动拍摄的，为了安全起见，建议用户选择宽阔的环境进行拍摄，且适当飞高些。

在拍摄运镜视频之前，需要选择目标，用户可以通过框选或者点击目标对象的方式选择目标。下面介绍具体的操作方法。

步骤01 在 DJI Fly App 的相机界面中，点击拍摄模式按钮，在弹出的面板中，❶ 选择"大师镜头"选项；❷ 点击 按钮，如图 11-34 所示，消除提示。

图 11-34 点击相应按钮

步骤02 ❶ 用手指在屏幕中框选目标对象；❷ 点击 Start（开始）按钮，如图 11-35 所示，弹出"位置调整中…"提示，无人机会自动调整位置。

☆ 温馨提示

在"大师镜头"模式中，包含 3 种飞行轨迹、10 段镜头及 20 种模板。在大师镜头包含的 3 种飞行轨迹中，还包括远景拍法和人像拍法，可能会有一些运镜上的区别，但飞行拍摄的操作步骤都是一样的。

图 11-35　点击 Start（开始）按钮

11.3.2　步骤 2：拍摄运镜视频

成功框选目标之后，无人机会自动拍摄 10 段运镜视频，下面为大家介绍相应的运镜效果。

① 无人机开始后退和上升拉高，远离目标，拍摄渐远镜头，如图 11-36 所示。

图 11-36　拍摄渐远镜头

② 无人机后退拉高后，围绕目标，拍摄一段远景环绕镜头，如图 11-37 所示。

图 11-37　拍摄远景环绕镜头

③ 无人机开始调整俯仰镜头，先垂直 90°俯拍地面，再前飞并抬头，拍摄一段抬头前飞镜头，如图 11-38 所示。

图 11-38　垂直 90°俯拍后拍摄抬头前飞镜头

④ 无人机进入 3 倍长焦模式，拍摄一段近景环绕镜头，如图 11-39 所示。

图 11-39　拍摄近景环绕镜头

⑤ 无人机再次变焦，继续拍摄一段中景环绕镜头，如图 11-40 所示。

图 11-40　拍摄中景环绕镜头

⑥ 无人机环绕到目标的正面之后，调整俯仰角度，拍摄一段冲天镜头，如图 11-41 所示。

⑦ 无人机再次调整俯仰镜头，先垂直 90°俯拍地面，再前飞，拍摄一段扣拍前飞镜头，如图 11-42 所示。

⑧ 当无人机飞到目标上方后，开始旋转，拍摄扣拍旋转镜头，如图 11-43 所示。

图 11-41 拍摄冲天镜头

图 11-42 拍摄扣拍前飞镜头

图 11-43 拍摄扣拍旋转镜头

⑨ 无人机再次调整俯仰镜头之后平拍目标的前方,并微微下降,拍摄一段平拍下降镜头,如图 11-44 所示。

图 11-44 拍摄平拍下降镜头

⑩ 无人机调整俯仰镜头，垂直 90°俯拍地面，降低高度，拍摄一段扣拍下降镜头，如图 11-45 所示。

图 11-45　拍摄扣拍下降镜头

本章小结

本章主要向大家介绍了 6 种一键短片运镜、3 种延时运镜拍法和 2 种大师镜头运镜拍法，包括渐远模式、冲天模式、环绕模式、螺旋模式、彗星模式、小行星模式、环绕延时运镜、定向延时运镜、轨迹延时运镜、选择拍摄主体和拍摄运镜视频，帮助大家掌握智能运镜技巧，学会更多的拍摄方法。

课后习题

鉴于本章知识的重要性，为了帮助大家更好地掌握所学知识，本节将通过课后习题，帮助大家进行简单的知识回顾和巩固。

1. 在使用轨迹延时拍摄时，最少需要设置几个轨迹点？
2. 请选择两种智能运镜方式，在开阔地点进行练习。

第 12 章
特殊运镜：热门航拍运镜玩法

本章要点

为了拍摄出更多专业和有趣的航拍视频，可以学习一些考证必学的特殊运镜和抖音爆款火热运镜技巧，从而在实战拍摄中，提升视频拍摄的技术，掌握更多的运镜拍法。在短视频中加入这些运镜方式，会给观众带来别样的视觉感受，甚至可以让你的视频迅速上热门。

12.1 3个考证必学的特殊运镜

本节将介绍 3 个考证必学的特殊运镜，希望用户可以学会和掌握飞行拍摄动作要领，成为一名合格的无人机飞行员。

12.1.1 方法1：方形运镜

扫码看教学视频

方形运镜是指将无人机按照设定的方形路线进行飞行，在方形飞行的过程中，相机的朝向不变，无人机的旋转角度不变，只需要通过右摇杆的上、下、左、右推杆，调整无人机的飞行方向即可，如图 12-1 所示。

图 12-1 方形运镜

拍摄方法如下。

① 用户向左拨动云台俯仰拨轮，俯拍地面，向上推动右摇杆，让无人机前飞。

② 然后向左推动右侧的摇杆，让无人机向左飞行一段距离。

③ 再向下推动右侧的摇杆，让无人机后退飞行一段距离。

④ 最后向右推动右侧的摇杆，让无人机向右飞行一段距离。

12.1.2 方法2：飞进飞出运镜

飞进飞出运镜是指将无人机往前飞行一段路径后，通过向左或向右旋转180°，再往回飞回来，如图12-2所示，这种运镜方法可以多方位地展示画面。

扫码看教学视频

图12-2 飞进飞出运镜

拍摄方法如下。

① 用户向上推动右侧的摇杆，让无人机向前飞行一段距离。

② 左手向右拨动左摇杆，让无人机向右旋转 180° 左右。

③ 再向上推动右侧的摇杆，让无人机迎面飞回来。

12.1.3　方法 3：8 字飞行运镜

扫码看教学视频

8 字飞行运镜是一种比较有难度的运镜拍摄方式，当用户对前面几章的飞行动作都已经熟练掌握后，接下来就可以开始练习 8 字飞行运镜了。8 字飞行运镜也是无人机飞行考证的必考内容。

8 字飞行运镜会用到左右摇杆的很多功能，需要左手和右手完美配合。在 DJI Fly App 的相机界面中，点击左下角的地图，就可以查看无人机的飞行轨迹。8 字飞行的轨迹如图 12-3 所示。

图 12-3　8 字飞行运镜

拍摄方法如下。

① 用户将无人机飞升至一定的高度，向左推动右侧的摇杆，同时向右推动左侧的摇杆，让无人机顺时针环绕飞行一圈。

② 顺时针飞行一圈完成后，向左推动左侧的摇杆，让无人机立刻原地旋转机身 180°，转换机头方向。

③ 再通过向左推动左侧的摇杆，向右推动右侧的摇杆，逆时针环绕飞行一圈，这样就能飞出 8 字的轨迹来。如果操作不够熟悉，轨迹不够清晰，可以多飞行几遍。

12.2　3个抖音爆款火热运镜

在短视频平台中，点赞量较高的视频，画面通常都很酷炫。那么如何才能拍出不平庸的画面，让视频得到更多的流量呢？本节将介绍3个抖音爆款火热运镜来帮助大家。

12.2.1　方法1：穿越运镜

穿越运镜是指让无人机穿越一些封闭空间，无人机飞行穿越的速度越快，越能给观众带来刺激的视觉享受。穿越运镜有一定的难度，因为无人机在穿越的过程中视线会受到一定的影响。下面介绍无人机在穿越地标建筑时的拍摄方法，如图12-4所示。

图12-4　穿越运镜

拍摄方法如下。

① 用户让无人机飞升至一定的高度，平拍地标建筑，画面中心指向飞行路径。
② 向上推动右侧的摇杆，让无人机向前飞行，穿越地标建筑。
③ 穿越之后，再向上推动左侧的摇杆，让无人机向前拉升飞行一段距离。

12.2.2　方法2：旱地拔葱运镜

旱地拔葱运镜是最近比较流行的一种拍摄建筑的拍法，拍摄该运镜需要无人机有长焦镜头。在拍摄时，需要用户先找到前景和目标建筑，并边上升无人机，边让相机进行俯拍，如图 12-5 所示，该效果后期经过了裁剪比例处理。

图 12-5　旱地拔葱运镜

拍摄方法如下。

① 用户让无人机飞升至一定的高度，向右拨动云台俯仰拨轮，让无人机仰拍，并开启 7 倍变焦，借用杉树作为前景。

② 向上推动左侧的摇杆，让无人机上升飞行。

③ 同时，向左拨动云台俯仰拨轮，让相机镜头慢慢地向下俯拍，并始终保持前景的画面占比不变，让前景后面的建筑慢慢耸立起来。

12.2.3　方法 3：希区柯克变焦运镜

希区柯克变焦也称为滑动变焦，是通过制作被拍摄主体与背景之间的距离改变，而主体本身大小不会改变的视觉效果，营造出一种空间扭曲感，如图 12-6 所示。

扫码看教学视频

图 12-6 希区柯克变焦运镜

拍摄方法如下。

步骤01 在相机界面中，❶ 点击航点飞行按钮，开启航点飞行；❷ 在弹出的面板中点击+按钮，如图 12-7 所示，添加航点 1。

图 12-7 点击相应按钮（1）

步骤02 向下推动右摇杆，让无人机后退飞行一段距离，点击+按钮，如图 12-8 所示，添加航点 2，再点击航点 1。

图 12-8 点击相应按钮（2）

步骤03 在弹出的面板中，❶设置"相机动作"为"开始录像"选项；❷点击返回按钮，如图12-9所示。

图 12-9　点击返回按钮（1）

步骤04 点击航点2，在弹出的面板中设置"相机动作"为"结束录像"选项，如图12-10所示。

图 12-10　设置"相机动作"为"结束录像"选项

步骤05 ❶点击"变焦"按钮，滑动滑块，设置3倍变焦；❷点击返回按钮，如图12-11所示。

步骤06 点击更多按钮，弹出相应的面板，❶设置"全局速度"为4.8m/s；❷点击GO按钮，如图12-12所示。

137

步骤 07 无人机即可按照所设定的航点飞行,如图 12-13 所示,并自动拍摄视频。

图 12-11　点击返回按钮(2)

图 12-12　点击 GO 按钮

图 12-13　无人机按照所设定的航点飞行

> **步骤 08** 飞行和拍摄完成后，无人机会自动返回到返航点，如图 12-14 所示。

图 12-14 无人机自动返回到返航点

本章小结

本章主要向大家介绍了 3 个考证必学的特殊运镜和 3 个抖音爆款火热运镜，包括方形运镜、飞进飞出运镜、8 字飞行运镜、穿越运镜、旱地拔葱运镜和希区柯克变焦运镜，帮助大家掌握特殊运镜技巧，学会更多的拍摄方法。

课后习题

鉴于本章知识的重要性，为了帮助大家更好地掌握所学知识，本节将通过课后习题，帮助大家进行简单的知识回顾和巩固。

1. 飞进飞出运镜的推杆方式是什么？
2. 请选择两种特殊运镜方式，在开阔地点进行练习。

第 13 章
闭幕运镜：视频画上圆满句号

本章要点

在一段视频中，开场镜头画面可以引导观众，开启视觉之旅。而视频的结尾镜头也是必不可少的，闭幕运镜在视频中起着宣告故事结束的作用，甚至可以是视频的点睛之笔，让观众回味无穷。本章将为大家介绍一些闭幕运镜的拍法，帮助大家在航拍视频中做到"有始有终"。

13.1 2个常用的闭幕运镜

通常而言，在结束镜头里，主体或者人物会变小或者消失，所以在拍摄闭幕运镜时，可以用这个原理指导拍摄。本节将为大家介绍 2 个常用的闭幕运镜。

13.1.1 方法 1：前飞越过主体运镜

在拍摄前飞越过主体运镜时，需要寻找主体，还要注意无人机的高度。不能过低，否则就会撞上主体；也不能过高，否则主体就会太小，视频效果如图 13-1 所示。

扫码看教学视频

图 13-1 前飞越过主体运镜

拍摄方法如下。

① 用户让无人机飞升至一定的高度，在人物前方低角度平拍。

② 向上推动右侧的摇杆，让无人机前飞，越过人物，拍摄前飞越过主体运镜。

13.1.2 方法2：主体出画运镜

在拍摄主体出画视频时，有两个思路，一是无人机直接固定镜头，让主体主动出画；二是在拍摄运动镜头的过程中，让主体慢慢出画。前者虽然简单，却会让观众觉得冗长乏味。本次介绍的是在运镜镜头中让主体出画的拍法，如图 13-2 所示。

图 13-2 主体出画运镜

拍摄方法如下。

① 用户让无人机放低高度，平拍远处行走的人物正面。

② 向上推动左侧的摇杆，让无人机上升飞行。

③ 同时，在人物逐渐出画时，向左拨动云台俯仰拨轮，让镜头下压，最后聚焦于无人物的地面，让画面留有余韵。

13.2　2个大神级闭幕运镜

除了前面介绍的 2 个常用的闭幕运镜，本节将为大家介绍 2 个大神级闭幕运镜，帮助大家学会更多航拍运镜拍法，让视频画面结束得更自然。

13.2.1　方法 1：渐远离场运镜

在渐远离场运镜中，主体会变得越来越小，环境会变得越来越大，画面焦点逐渐转移，人物会变成一个小点，展示整体的大环境，宣告视频结束，如图 13-3 所示。

扫码看教学视频

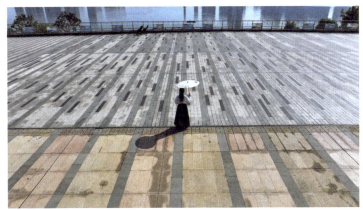

图 13-3　渐远离场运镜

拍摄方法如下。

① 用户让无人机飞升至一定的高度，靠近拍摄人物。

② 向下推动右侧的摇杆，让无人机后退飞行。

③ 同时，向上推动左侧的摇杆，让无人机上升飞行，离人物越来越高、越远。

13.2.2 方法2：跟摇上抬运镜

在拍摄运动的主体对象时，使用跟摇上抬运镜可以灵活地展示主体的退场，让画面具有变化感，不再单调，如图13-4所示。

扫码看教学视频

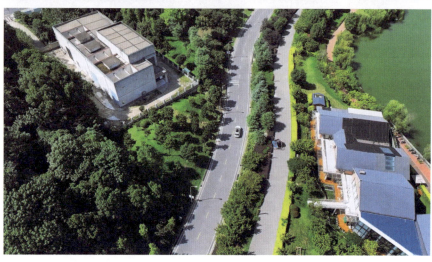

图 13-4 跟摇上抬运镜

拍摄方法如下。

① 用户让无人机飞升至一定的高度,向左拨动云台俯仰拨轮,俯拍车子。

② 向右推动左侧的摇杆,摇动镜头跟拍向右运动中的车子。

③ 同时,向右拨动云台俯仰拨轮,上抬镜头拍摄向远处驶去的车子,在中间停止推动左侧摇杆。

本章小结

本章主要向大家介绍了 2 个常用的闭幕运镜和 2 个大神级闭幕运镜,包括前飞越过主体运镜、主体出画运镜、渐远离场运镜和跟摇上抬运镜,帮助大家掌握闭幕运镜技巧,学会更多的拍摄方法。

课后习题

鉴于本章知识的重要性,为了帮助大家更好地掌握所学知识,本节将通过课后习题,帮助大家进行简单的知识回顾和巩固。

1. 渐远离场运镜的推杆方式是什么?
2. 请选择两种闭幕运镜方式,在开阔地点进行练习。

第 14 章
剪辑实战：单个作品制作流程

本章要点

本章主要介绍如何在剪映手机版和剪映电脑版中进行单个作品的剪辑处理，帮助大家学会两版软件的剪辑操作，具体流程包括导入视频、调色处理、添加文字等操作。学会这些剪辑技巧后，可以帮助大家在学会无人机航拍运镜之后，还能学会剪辑视频，快速制作成品视频，并让视频具有大片感。

14.1 使用剪映手机版剪辑单个作品

大家航拍完一段视频后,在分享视频之前,可以在剪映手机版中对单个作品进行后期处理,再分享至朋友圈或短视频平台中。本节将为大家介绍在剪映手机版中剪辑单个作品的流程。本案例的最终视频效果如图 14-1 所示。

图 14-1　最终视频效果

14.1.1 步骤 1：导入视频和添加滤镜调色

在剪映手机版中剪辑视频的第一步就是导入视频素材，这样才能进行后续的操作和处理。原素材中的画面色彩可能由于天气原因，不太出彩，为了让视频画面更具有吸引力，需要为视频添加滤镜进行调色。下面介绍具体的操作方法。

扫码看教学视频

步骤 01 在手机的应用商店下载好剪映手机版后，点击剪映图标，如图 14-2 所示。

步骤 02 为了导入视频，进入"剪辑"界面，点击"开始创作"按钮，如图 14-3 所示。

图 14-2　点击剪映图标　　图 14-3　点击"开始创作"按钮

步骤 03 ❶ 在"视频"选项卡中选择素材；❷ 选择"高清"复选框；❸ 点击"添加"按钮，如图 14-4 所示。

步骤 04 导入素材之后，为了调色，❶ 选择视频素材；❷ 点击"滤镜"按钮，如图 14-5 所示。

图 14-4　点击"添加"按钮　　图 14-5　点击"滤镜"按钮

步骤 05 ❶ 切换至"夜景"选项卡；❷ 选择"冷蓝"滤镜，添加滤镜进行初步调色，如图14-6所示。

步骤 06 为了再精细调节画面色彩，❶ 切换至"调节"选项卡；❷ 选择"亮度"选项；❸ 设置参数为11，提亮画面，如图14-7所示。

图14-6 选择"冷蓝"滤镜

图14-7 设置"亮度"参数为11

步骤 07 设置"对比度"参数为12，增强画面的明暗对比，如图14-8所示。

步骤 08 设置"饱和度"参数为18，让画面色彩更加鲜艳一些，如图14-9所示。

图14-8 设置"对比度"参数

图14-9 设置"饱和度"参数（1）

步骤09 设置"色温"参数为13,微微增强夕阳的暖色,如图14-10所示。

步骤10 选择 HSL 选项,如图 14-11 所示,进入 HSL 面板。

图 14-10 设置"色温"参数　　图 14-11 选择 HSL 选项

步骤11 ❶ 选择红色选项◯;❷ 设置"饱和度"参数为21,让晚霞的色彩更加艳丽,如图 14-12 所示。

步骤12 ❶ 选择蓝色选项◯;❷ 设置"饱和度"参数为21,让天空的色彩更加鲜艳,增加画面的色彩冷暖对比,如图 14-13 所示。

图 14-12 设置"饱和度"
参数(2)

图 14-13 设置"饱和度"
参数(3)

14.1.2 步骤2:设置比例背景和制作定格效果

扫码看教学视频

对于横屏视频,可以设置比例,使其变成竖屏视频;还可以设置相应的背景样式,使黑色的背景变成彩色的,使视频更适合在手机中观看。定格视频可以得到一段定格画面,再添加相应的拍照音效,就能制作出拍照定格效果。下面介绍具体的操作方法。

步骤 01 为了更改视频比例,在视频起始位置点击"比例"按钮,如图 14-14 所示。

步骤 02 弹出"比例"面板,选择 9∶16 选项,改变画面的比例,如图 14-15 所示。

图 14-14　点击"比例"按钮　　图 14-15　选择 9∶16 选项

步骤 03 为了更换背景,点击✓按钮返回到上一级工具栏,点击"背景"按钮,如图 14-16 所示。

步骤 04 在弹出的二级工具栏中点击"画布样式"按钮,如图 14-17 所示。

图 14-16　点击"背景"按钮　　图 14-17　点击"画布样式"按钮

步骤05 在"画布样式"面板中选择一个背景样式,改变画面背景,如图14-18所示。

步骤06 为了制作定格拍照卡点的效果,❶选择视频素材;❷在视频5s左右的位置点击"定格"按钮,如图14-19所示。

图14-18 选择背景样式

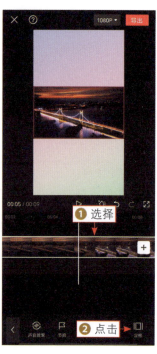
图14-19 点击"定格"按钮

步骤07 定格画面之后,设置定格片段的时长为1.0s,缩短时长,如图14-20所示。

步骤08 为了制作拍照的效果,在定格片段前面一点的位置点击"音频"按钮,如图14-21所示。

图14-20 设置定格片段时长

图14-21 点击"音频"按钮

步骤 09 在弹出的二级工具栏中点击"音效"按钮，如图14-22所示。

步骤 10 在"热门"选项卡中点击"拍照声1"音效右侧的"使用"按钮，如图14-23所示，添加音效，制作定格拍照卡点的效果。

图 14-22 点击"音效"按钮　　图 14-23 点击"使用"按钮

14.1.3 步骤3：添加特效、文字和贴纸

为了让视频画面更加丰富有趣，可以为视频添加合适的特效，增加画面内容；为视频添加标题文字，可以点明视频主题；添加地名文字，可以向观众介绍视频内容；还可以添加贴纸，丰富视频内容。下面介绍具体的操作方法。

扫码看教学视频

步骤 01 为了添加特效，返回一级工具栏，在视频3s左右的位置点击"特效"按钮，如图14-24所示。

步骤 02 在弹出的二级工具栏中点击"画面特效"按钮，如图14-25所示。

步骤 03 ❶切换至"基础"选项卡；❷选择"变清晰"特效；❸点击✓按钮，如图14-26所示，添加特效。

步骤 04 调整"变清晰"特效的轨道位置，使其末尾位置对齐定格素材的起始位置，如图14-27所示。

步骤 05 点击《按钮回到上一级工具栏，在视频起始位置点击"画面特效"按钮，如图14-28所示。

步骤 06 ❶切换至"边框"选项卡；❷选择"录制边框Ⅱ"特效；❸点击✓按钮，如图14-29所示，添加边框特效。

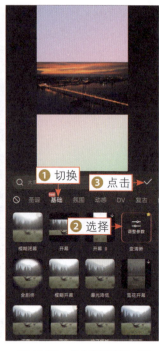

图 14-24 点击"特效"按钮　　图 14-25 点击相应按钮（1）　　图 14-26 点击相应按钮（2）

图 14-27 调整特效的轨道位置　图 14-28 点击"画面特效"按钮　图 14-29 点击相应按钮（3）

步骤07 ❶ 调整"录制边框Ⅱ"特效的时长,使其对齐视频的时长;❷ 在视频 9s 左右的位置点击"画面特效"按钮,如图 14-30 所示。

步骤08 ❶ 切换至"基础"选项卡;❷ 选择"闭幕Ⅱ"特效;❸ 点击 ✓ 按钮,如图 14-31 所示,添加视频闭幕特效。

图 14-30　点击相应按钮(4)

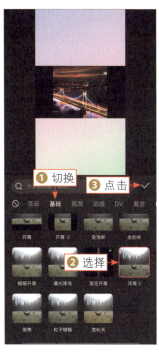
图 14-31　点击相应按钮(5)

步骤09 为了调整特效的应用对象,默认选择"闭幕Ⅱ"特效,点击"作用对象"按钮,如图 14-32 所示。

步骤10 在弹出的"作用对象"面板中选择"全局"选项,如图 14-33 所示,把特效应用到所有画面中。

图 14-32　点击"作用对象"按钮

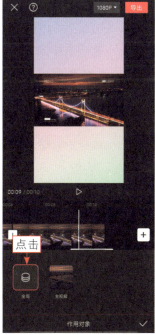
图 14-33　选择"全局"选项

步骤 11 为了添加文字，回到一级工具栏，在视频起始位置点击"文字"按钮，如图14-34所示。

步骤 12 在弹出的二级工具栏中点击"新建文本"按钮，如图14-35所示。

图14-34 点击"文字"按钮

图14-35 点击"新建文本"按钮

步骤 13 ❶输入文字内容；❷在"字体"|"书法"选项卡中选择一款字体，更改字体，如图14-36所示。

步骤 14 ❶切换至"样式"选项卡；❷设置"字号"参数为20，微微放大文字，如图14-37所示。

图14-36 选择字体

图14-37 设置"字号"参数

步骤15 ❶切换至"动画"选项卡;❷选择"开幕"动画,添加入场动画,如图14-38所示。

步骤16 ❶切换至"出场"选项卡;❷选择"渐隐"动画,添加出场动画;❸点击✓按钮,如图14-39所示。

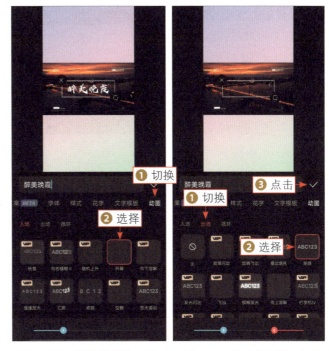

图14-38 选择"开幕"动画　图14-39 点击相应按钮(6)

步骤17 为了继续添加地点文字,在文字素材的末尾位置点击"文字模板"按钮,如图14-40所示。

步骤18 ❶切换至"标签"选项卡;❷选择一款文字模板;❸更改文字内容;❹调整文字的大小和位置,如图14-41所示。

图14-40 点击"文字模板"按钮　图14-41 调整文字的大小和位置

步骤19 点击 ✓ 按钮。为了添加贴纸，在地点文字的起始位置点击"添加贴纸"按钮，如图14-42所示。

步骤20 ❶ 在输入栏中输入并搜索"地标"；❷ 在搜索结果中选择一款贴纸，如图14-43所示。

图14-42 点击"添加贴纸"按钮

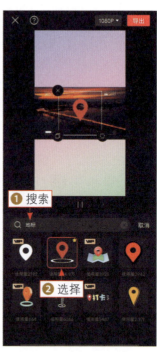
图14-43 选择一款贴纸

步骤21 ❶ 调整贴纸的大小和位置；❷ 调整贴纸和地点文字的末尾位置，使其对齐视频的末尾位置；❸ 点击"动画"按钮，如图14-44所示。

步骤22 ❶ 切换至"出场动画"选项卡；❷ 选择"渐隐"动画；❸ 点击 ✓ 按钮，如图14-45所示，让贴纸结束得更自然一些。

图14-44 点击"动画"按钮（1）

图14-45 点击相应按钮（7）

步骤 23 为了给文字也添加出场动画，❶ 选择地点文字；❷ 点击 "动画" 按钮，如图 14-46 所示。

步骤 24 ❶ 切换至 "动画" | "出场" 选项卡；❷ 选择 "渐隐" 动画；❸ 点击 ✓ 按钮，如图 14-47 所示，添加出场动画。

图 14-46　点击 "动画" 按钮（2）　　图 14-47　点击相应按钮（8）

14.1.4　步骤 4：添加背景音乐和导出分享视频

背景音乐是航拍视频中必不可少的一个元素，它能为视频增加亮点。剪映曲库中的音乐类型多样，歌曲非常丰富，可以在其中添加音乐。制作完成视频之后，就可以把视频导出到相册中，导出之后还可以分享至抖音平台中。下面介绍具体的操作方法。

扫码看教学视频

步骤 01 为了给视频添加背景音乐，回到一级工具栏，在视频起始位置点击 "音频" 按钮，如图 14-48 所示。

步骤 02 在弹出的二级工具栏中点击 "音乐" 按钮，如图 14-49 所示。

步骤 03 进入 "音乐" 界面，可以看到里面有各种类型的音乐，选择 "抖音" 选项，如图 14-50 所示。

步骤 04 进入 "抖音" 界面，在其中点击所选音乐右侧的 "使用" 按钮，如图 14-51 所示，添加背景音乐。

步骤 05 为了调整背景音乐的时长，❶ 选择音频素材；❷ 在视频的末尾位置点击 "分割" 按钮，如图 14-52 所示，分割音频素材。

步骤 06 ❶ 默认选择分割后的第 2 段音频素材；❷ 点击 "删除" 按钮，如图 14-53 所示，删除多余的音频素材。

159

图 14-48 点击"音频"按钮

图 14-49 点击"音乐"按钮

图 14-50 选择"抖音"选项

图 14-51 点击"使用"按钮

图 14-52 点击"分割"按钮

图 14-53 点击"删除"按钮

步骤07 为了导出成品视频，点击右上角的"导出"按钮，弹出导出进度提示，如图14-54所示。

步骤08 导出成功后，点击"抖音"按钮，如图14-55所示。

图 14-54　弹出导出进度提示　　图 14-55　点击"抖音"按钮

步骤09 自动跳转至抖音手机版，在弹出的界面中点击"下一步"按钮，如图14-56所示。

步骤10 用户可以编辑相应的内容，如图14-57所示，点击"发布"按钮，即可发布视频。

图 14-56　点击"下一步"按钮　　图 14-57　编辑相应的内容

14.2 使用剪映电脑版剪辑单个作品

用户还可以在剪映电脑版中处理视频,然后再导出和保存视频。本节将为大家介绍在剪映电脑版中剪辑单个作品的流程。本案例的最终视频效果如图 14-58 所示。

图 14-58 最终视频效果

14.2.1 步骤 1:添加视频和进行调色

在剪映电脑版中导入素材的方法很简单,用户只需找到素材所在的文件夹位置即可。对于绿色和蓝色色彩占比较大的视频,可以添加风景滤镜并调整相应的参数进行调色,让画面的色彩感更强。下面介绍具体的操作方法。

步骤 01 打开剪映电脑版,在首页单击"开始创作"按钮,如图 14-59 所示。

步骤 02 为了添加视频,进入"媒体"功能区,在"本地"选项卡中单击"导入"按钮,如图 14-60 所示。

图 14-59 单击"开始创作"按钮

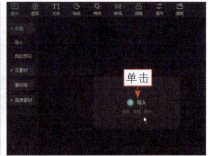

图 14-60 单击"导入"按钮

步骤 03 弹出"请选择媒体资源"对话框,❶ 在相应的文件夹中,按【Ctrl+A】组合键全选所有的素材;❷ 单击"打开"按钮,如图 14-61 所示,导入素材。

步骤 04 单击视频素材右下角的"添加到轨道"按钮,如图 14-62 所示。

第14章 剪辑实战：单个作品制作流程

图 14-61　单击"打开"按钮

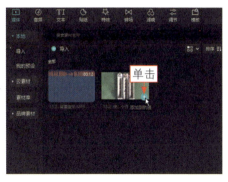

图 14-62　单击"添加到轨道"按钮（1）

步骤 05 把视频素材添加到视频轨道中，❶ 拖曳时间轴至视频 00:00:03:11 的位置；❷ 单击"向左裁剪"按钮，如图 14-63 所示，把时间轴左侧多余的素材进行分割并删除。

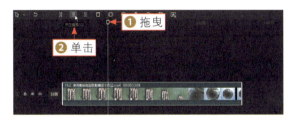

图 14-63　单击"向左裁剪"按钮

步骤 06 为了添加滤镜调色，❶ 单击"滤镜"按钮，进入"滤镜"功能区；❷ 切换至"风景"选项卡；❸ 单击"花园"滤镜右下角的"添加到轨道"按钮，如图 14-64 所示，添加滤镜进行初步调色。

步骤 07 ❶ 调整"花园"滤镜的时长，使其对齐视频的时长；❷ 选择视频素材，如图 14-65 所示。

图 14-64　单击"添加到轨道"按钮（2）

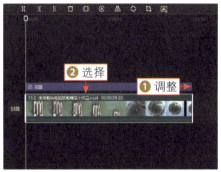

图 14-65　选择视频素材

163

步骤08 为了进一步精细调整色彩，❶单击"调节"按钮，进入"调节"操作区；❷设置"色温"参数为-4、"色调"参数为-3、"饱和度"参数为11、"对比度"参数为7、"高光"参数为-6，调整视频画面的色彩和明度，如图14-66所示。

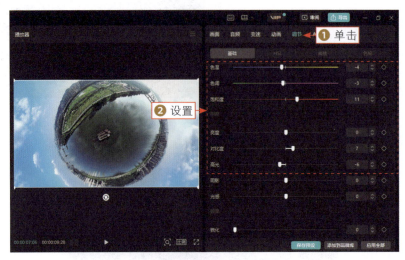

图14-66 设置相应的参数（1）

步骤09 ❶切换至HSL选项卡；❷选择绿色选项◯；❸设置"饱和度"参数为22，让绿色物体的色彩更加鲜艳一些，如图14-67所示。

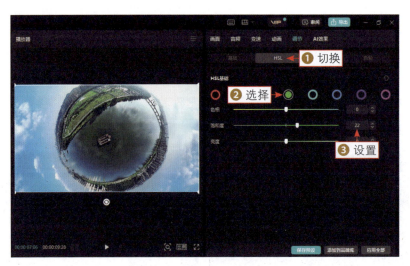

图14-67 设置相应的参数（2）

步骤10 ❶选择青色选项◯；❷设置"色相"参数为13、"饱和度"参数为26，进一步增强青蓝色效果，让天空和江水的颜色更鲜艳，如图14-68所示。

图 14-68 设置相应的参数（3）

14.2.2 步骤 2：添加主题文字

扫码看教学视频

为航拍视频添加主题文字，不仅可以介绍视频内容，还能让观众快速理解和把握视频内容。下面介绍具体的操作方法。

步骤 01 为了添加主题文字，拖曳时间轴至视频的起始位置，❶ 切换至"素材库"｜"热门"选项卡；❷ 单击黑场素材右下角的"添加到轨道"按钮，如图 14-69 所示，添加黑场素材。

步骤 02 ❶ 拖曳黑场素材的右侧白色边框，设置时长为 00:00:01:26；❷ 调整"花园"滤镜的轨道位置，使其起始位置对齐航拍视频的起始位置，如图 14-70 所示。

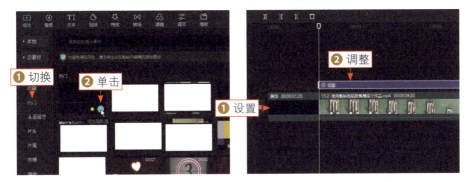

图 14-69 单击"添加到轨道"按钮（1）　　图 14-70 调整"花园"滤镜的轨道位置

步骤 03 为了添加文字，拖曳时间轴至视频的起始位置，❶ 单击"文本"按钮，进入"文本"功能区；❷ 单击"默认文本"右下角的"添加到轨道"按钮，如图 14-71 所示，添加"默认文本"。

步骤 04 调整"默认文本"时长，使其对齐黑场素材的时长，如图 14-72 所示。

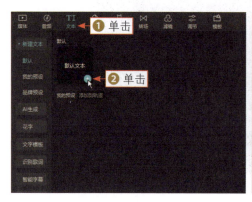

图 14-71 单击"添加到轨道"按钮（2）

图 14-72 调整"默认文本"时长

步骤 05 ❶ 在"文本"操作区中输入文字；❷ 选择合适的字体；❸ 设置"字号"参数为 10，微微缩小文字，如图 14-73 所示。

图 14-73 设置"字号"参数

步骤 06 为了添加文字动画，❶ 单击"动画"按钮，进入"动画"操作区；❷ 在"入场"选项卡中选择"圆形扫描"动画；❸ 设置"动画时长"参数为 1.0s，添加文字入场动画，如图 14-74 所示。

步骤 07 ❶ 切换至"出场"选项卡；❷ 选择"渐隐"动画，添加文字出场动画，如图 14-75 所示。

步骤 08 为了添加贴纸，拖曳时间轴至视频的起始位置，❶ 单击"贴纸"按钮，进入"贴纸"功能区；❷ 输入并搜索"圆形"；❸ 在搜索结果中单击所选贴纸右下角的"添加到轨道"按钮 ，如图 14-76 所示，添加圆形贴纸。

第14章 剪辑实战：单个作品制作流程

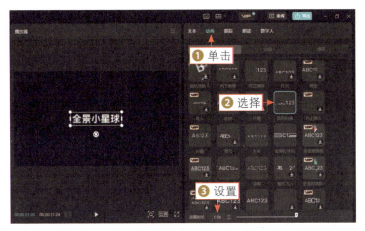

图 14-74 设置"动画时长"参数（1）

图 14-75 选择"渐隐"动画（1）

步骤 09 调整圆形贴纸的时长，使其对齐黑场素材的时长，如图 14-77 所示。

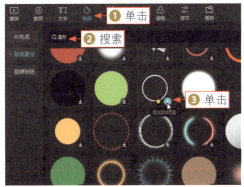

图 14-76 单击"添加到轨道"按钮（3）

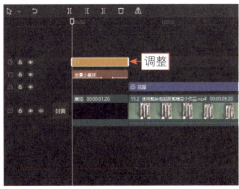

图 14-77 调整圆形贴纸的时长

167

步骤10 ❶在"播放器"面板中缩小圆形贴纸,使其包围文字;❷单击"动画"按钮,进入"动画"操作区;❸在"入场"选项卡中选择"弹入"动画;❹设置"动画时长"参数为1.0s,为贴纸添加入场动画,如图14-78所示。

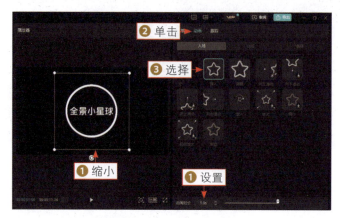

图 14-78　设置"动画时长"参数(2)

步骤11 ❶切换至"出场"选项卡;❷选择"渐隐"动画,为贴纸添加出场动画,如图14-79所示,让主题文字的整体变得更加动感。

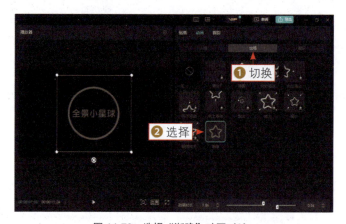

图 14-79　选择"渐隐"动画(2)

14.2.3　步骤 3:添加背景音乐

为视频添加合适的背景音乐,并设置淡出效果,可以让音乐结束得更加自然。下面介绍具体的操作方法。

扫码看教学视频

步骤01 为了添加背景音乐,❶切换至"媒体"|"本地"选项卡;❷选择背景音乐素材,如图14-80所示。

步骤 02 拖曳背景音乐素材至音频轨道中,并调整其末尾位置,使其对齐视频的末尾位置,如图 14-81 所示。

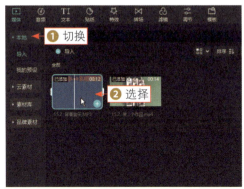

图 14-80 选择背景音乐素材

图 14-81 调整背景音乐的时长

步骤 03 在"基础"选项卡中设置"淡出时长"参数为 0.4s,让音乐结束得更自然些,如图 14-82 所示。

图 14-82 设置"淡出时长"参数

14.2.4 步骤 4:添加特效和导出视频

在视频中添加动感特效,能让画面变得更加动感;在视频结束时也可以添加特效,让视频圆满结束。在剪映电脑版中导出视频时,可以设置封面、更改作品名称、设置保存路径等。下面介绍具体的操作方法。

扫码看教学视频

步骤 01 为了添加视频特效,拖曳时间轴至航拍视频的起始位置,❶单击"特效"按钮,进入"特效"功能区;❷切换至"画面特效"|"动感"选项卡;❸单击"心跳"特效右下角的"添加到轨道"按钮,如图 14-83 所示,添加

动感特效。

步骤02 调整"心跳"特效的时长,使其末尾位置对齐视频 3s 左右的位置,如图 14-84 所示。

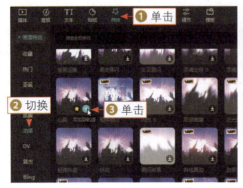 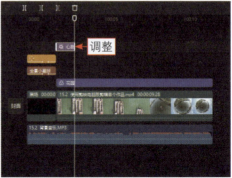

图 14-83 单击"添加到轨道"按钮(1)　　图 14-84 调整"心跳"特效的时长

步骤03 为了添加闭幕特效,拖曳时间轴至视频 11s 的位置,❶切换至"基础"选项卡;❷单击"横向闭幕"特效右下角的"添加到轨道"按钮，如图 14-85 所示。

步骤04 ❶调整"横向闭幕"特效的时长,使其末尾位置对齐视频的末尾位置;❷为了添加视频的封面,单击"封面"按钮,如图 14-86 所示。

图 14-85 单击"添加到轨道"按钮(2)　　图 14-86 单击"封面"按钮

步骤05 弹出"封面选择"对话框,❶选择封面;❷单击"去编辑"按钮,如图 14-87 所示。

步骤06 弹出"封面设计"对话框,单击"完成设置"按钮,如图 14-88 所示。

步骤07 设置封面后,单击右上角的"导出"按钮,如图 14-89 所示,导出视频。

图 14-87 单击"去编辑"按钮

图 14-88 单击"完成设置"按钮

步骤08 ❶ 输入"作品名称";❷ 单击"导出至"右侧的 ■ 按钮,设置视频的保存路径;❸ 单击"导出"按钮,如图 14-90 所示。

图 14-89 单击"导出"按钮(1)

图 14-90 单击"导出"按钮(2)

步骤 09 等待片刻，导出完成后，单击"关闭"按钮，如图 14-91 所示。

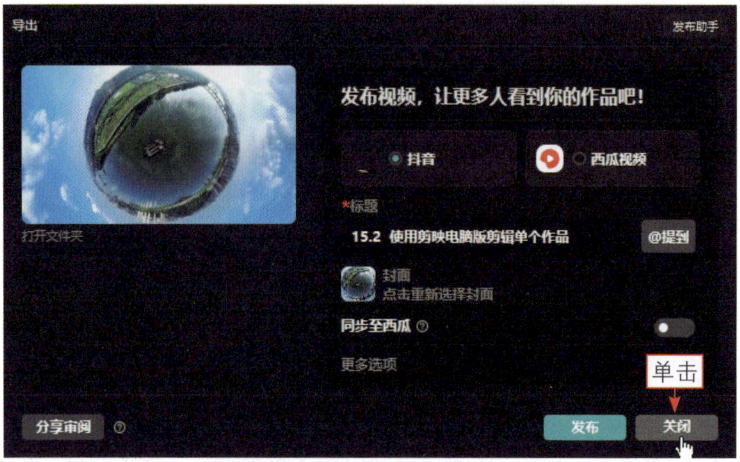

图 14-91 单击"关闭"按钮

本章小结

本章主要向大家介绍了使用剪映手机版剪辑单个作品和使用剪映电脑版剪辑单个作品的操作方法，包括导入视频和添加滤镜调色，设置比例背景和制作定格效果，添加特效、文字和贴纸，添加背景音乐和导出分享视频，添加视频和进行调色，添加主题文字，添加背景音乐，以及添加特效和导出视频，帮助大家掌握单个作品的剪辑制作流程。

课后习题

鉴于本章知识的重要性，为了帮助大家更好地掌握所学知识，本节将通过课后习题，帮助大家进行简单的知识回顾和巩固。

1. 为了让横屏视频变成竖屏视频，需要选择什么比例样式？
2. 请选择任意一个版本的制作流程，进行实战练习。

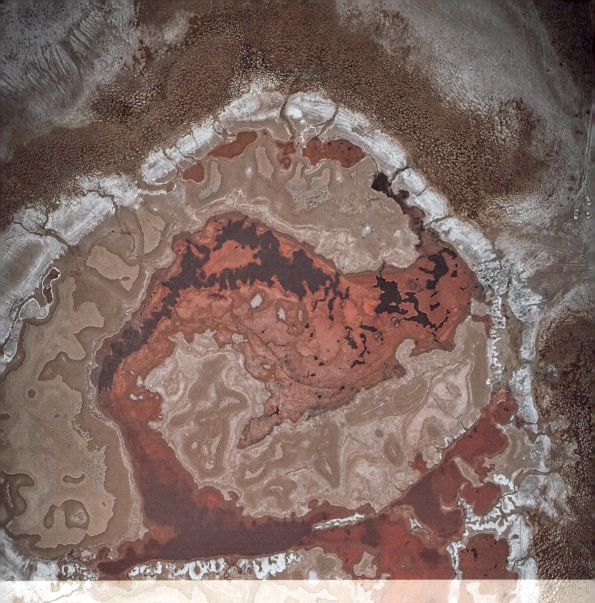

第 15 章
大片制作：多个视频剪辑流程

本章要点

在剪映手机版和剪映电脑版中都能剪辑处理多个视频素材，尤其是剪映电脑版，因为其界面比手机版更大些，用户可以导入大量的照片和视频素材进行加工。本章主要介绍在剪映手机版和剪映电脑版中进行多个视频综合剪辑的知识，希望用户通过本章的学习，可以熟练掌握剪辑多个视频的核心技巧！

15.1 使用剪映手机版剪辑多个视频

对于多个视频,在剪辑处理上的流程会比单个作品多一些操作,但大部分的操作过程都是差不多的,大家可以多练习、提炼和总结要点。本节将为大家介绍使用剪映手机版剪辑多个视频的流程。本案例的最终视频效果如图 15-1 所示。

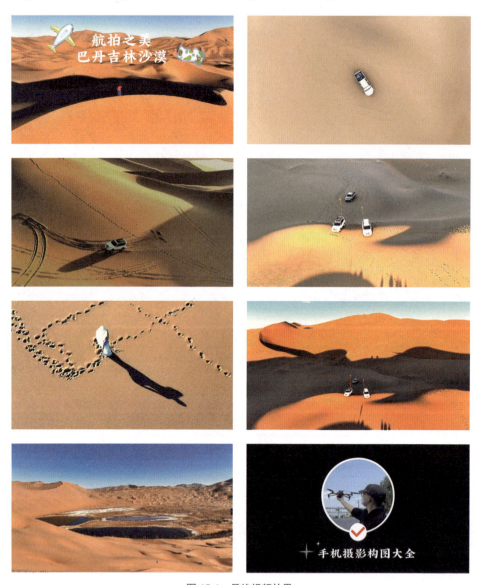

图 15-1 最终视频效果

15.1.1 步骤1：添加多段视频、音乐和调整时长

扫码看教学视频

在剪映手机版中添加多段视频时，需要将其按顺序依次导入，导入多段视频之后，再添加卡点音乐。为视频素材设置"曲线变速"效果，可以使其播放速度忽快忽慢，并能配合音乐的节奏。最后再调整视频的时长，对齐音乐节点。下面介绍具体的操作方法。

步骤01 打开剪映手机版，进入"剪辑"界面，点击"开始创作"按钮，如图15-2所示。

步骤02 ❶ 在"视频"选项卡中依次选择7段视频素材；❷ 选择"高清"复选框；❸ 点击"添加"按钮，如图15-3所示。

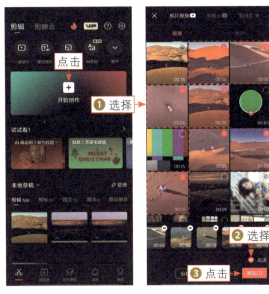

图15-2 点击"开始创作"按钮　图15-3 点击"添加"按钮

步骤03 添加视频至视频轨道中，为了添加音乐，点击"音频"按钮，如图15-4所示。

步骤04 在弹出的二级工具栏中点击"提取音乐"按钮，如图15-5所示。

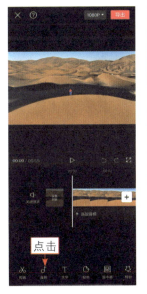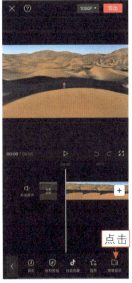

图15-4 点击"音频"按钮　图15-5 点击"提取音乐"按钮

步骤05 ❶在"照片视频"界面中选择视频素材;❷点击"仅导入视频的声音"按钮,如图15-6所示。

步骤06 添加卡点音乐至音频轨道中,为了给音频素材添加黄色的节拍点,❶选择音频素材;❷点击"节拍"按钮,如图15-7所示。

图15-6 点击"仅导入视频的声音"按钮   图15-7 点击"节拍"按钮

步骤07 弹出相应的面板,❶点击"自动踩点"按钮;❷点击✓按钮,如图15-8所示,为音频素材添加黄色的节拍点。

步骤08 为了调整素材的时长,向左拖曳第1段视频素材右侧的白色边框,设置其时长为2.7s,如图15-9所示。

图15-8 点击相应按钮(1)   图15-9 设置素材的时长(1)

步骤09 为了制作视频忽快忽慢的播放效果，❶选择第 2 段视频素材；❷点击"变速"按钮，如图 15-10 所示。

步骤10 在弹出的工具栏中点击"曲线变速"按钮，如图 15-11 所示。

图 15-10 点击"变速"按钮　　图 15-11 点击"曲线变速"按钮

步骤11 在"曲线变速"面板中选择"蒙太奇"选项，如图 15-12 所示。

步骤12 ❶选择第 3 段视频素材；❷继续选择"蒙太奇"选项，如图 15-13 所示。

图 15-12 选择"蒙太奇"　　图 15-13 选择"蒙太奇"
　　　　选项（1）　　　　　　　　选项（2）

步骤13 ❶ 选择第4段视频素材；❷ 选择"英雄时刻"选项，如图15-14所示，并为剩下的3段视频素材都选择"蒙太奇"曲线变速选项。

步骤14 设置第2至第6段素材的时长为2.1s，设置第7段素材的时长为2.6s，大致对齐音频素材上的黄色节拍点，如图15-15所示。

图 15-14 选择"英雄时刻"选项　图 15-15 设置素材的时长（2）

15.1.2 步骤2：设置转场、进行调色和添加特效

转场是在有两段以上的素材时才能设置的效果，设置合适的转场效果，可以让视频画面过渡得更加自然。针对多段素材的调色，可以用"全局应用"按钮统一调色，也可以选择单独的视频进行精准调色，还可以为视频添加相应的动感特效，增加画面的亮点。下面介绍具体的操作方法。

扫码看教学视频

步骤01 为了设置转场，点击第1段视频素材与第2段视频素材之间的转场按钮 | ，如图15-16所示。

步骤02 弹出相应的面板，❶ 切换至"运镜"选项卡；❷ 选择"推近"转场；❸ 点击"全局应用"按钮，为所有的视频素材之间都设置同样的转场，如图15-17所示。

步骤03 为了给视频调色，❶ 选择第1段视频素材；❷ 点击"滤镜"按钮，如图15-18所示。

步骤04 ❶ 切换至"风景"选项卡；❷ 选择"喜市"滤镜；❸ 点击"全局应用"按钮，如图15-19所示，把滤镜效果应用到所有的视频素材中。

步骤05 为了再调整画面色彩，❶ 切换至"调节"选项卡；❷ 选择"对比度"选项；❸ 设置参数为14，增加画面的明暗对比，如图15-20所示。

步骤06 设置"饱和度"参数为15，让画面色彩更加鲜艳，如图15-21所示。

第 15 章 大片制作：多个视频剪辑流程

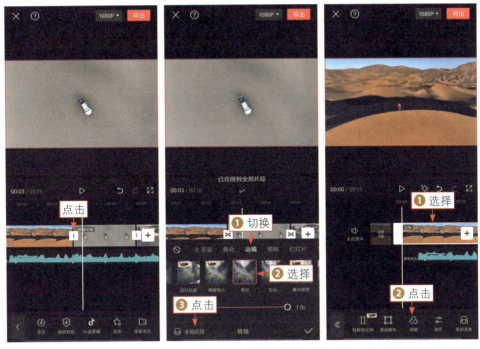

图 15-16 点击转场按钮　　图 15-17 点击"全局应用"按钮（1）　　图 15-18 点击"滤镜"按钮

图 15-19 点击"全局应用"按钮（2）　　图 15-20 设置"对比度"参数　　图 15-21 设置"饱和度"参数

179

步骤 07 设置"色温"参数为13,让画面偏暖色,如图15-22所示。

步骤 08 ❶设置"色调"参数为12,微微增加画面的紫调;❷点击"全局应用"按钮,把调节效果应用到所有的视频素材中,如图15-23所示。

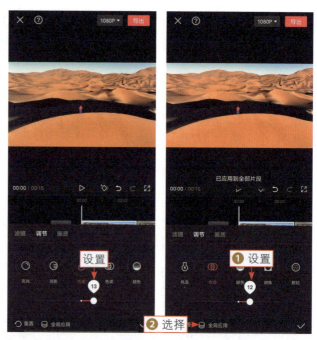

图 15-22 设置"色温"参数(1)　　图 15-23 点击"全局应用"按钮(3)

步骤 09 为了给视频单独调色,❶选择第2段视频素材;❷点击"调节"按钮,如图15-24所示。

步骤 10 设置"色温"参数为35,让画面再偏暖色一些,如图15-25所示。

图 15-24 点击"调节"按钮(1)　　图 15-25 设置"色温"参数(2)

步骤11 ❶ 选择第3段视频素材；❷ 点击"调节"按钮，如图15-26所示。

步骤12 设置"色温"参数为50，让画面更黄一些，如图15-27所示。

图15-26 点击"调节"按钮（2）　　图15-27 设置"色温"参数（3）

步骤13 ❶ 选择第5段视频素材；❷ 点击"调节"按钮，如图15-28所示。

步骤14 设置"色温"参数为40，让画面变黄一些，如图15-29所示。

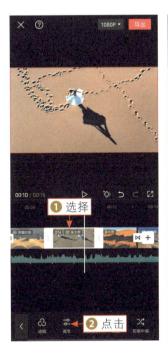 

图15-28 点击"调节"按钮（3）　　图15-29 设置"色温"参数（4）

步骤15 ❶选择第7段视频素材,点击"调节"按钮;❷设置"高光"参数为-11,微微降低画面曝光,如图15-30所示。

步骤16 设置"锐化"参数为20,增加纹理,让画面变清晰一些,如图15-31所示。

图15-30 设置"高光"参数

图15-31 设置"锐化"参数

步骤17 为了给视频添加特效,❶拖曳时间轴至第3段视频素材中间左右的位置;❷点击"特效"按钮,如图15-32所示。

步骤18 在弹出的二级工具栏中点击"画面特效"按钮,如图15-33所示。

图15-32 点击"特效"按钮

图15-33 点击"画面特效"按钮

步骤19 弹出相应的面板，❶切换至"动感"选项卡；❷选择"闪黑Ⅱ"特效；❸点击✓按钮确认操作，如图15-34所示。

步骤20 调整"闪黑Ⅱ"特效的时长，使其末尾位置对齐第3段视频素材的末尾位置，如图15-35所示。

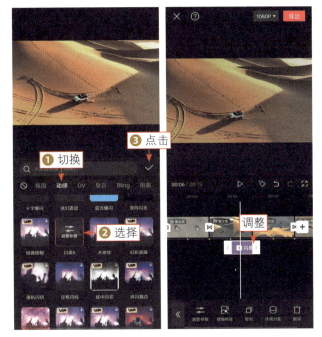

图15-34 点击相应按钮　　图15-35 调整特效的时长

15.1.3　步骤3：制作文字片头和求关注片尾效果

一个精彩的片头可以吸引用户，使其对视频产生兴趣。添加合适的文字还能介绍视频主题，让观众把握视频的精华要点。在视频结束时，可以制作求关注片尾效果，提示观众关注作者，从而用视频进行引流。下面介绍具体的操作方法。

扫码看教学视频

步骤01 为了制作文字片头，回到一级工具栏，在视频的起始位置点击"文字"按钮，如图15-36所示。

步骤02 在弹出的二级工具栏中点击"新建文本"按钮，如图15-37所示。

步骤03 ❶输入文字内容；❷在"热门"选项卡中选择合适的字体，更改文字的字体，如图15-38所示。

步骤04 ❶切换至"样式"选项卡；❷设置"字号"参数为11，缩小文字；❸调整文字的位置，使其处于画面中上方，如图15-39所示。

步骤05 为了给文字添加动画，❶切换至"动画"选项卡；❷选择"左上弹入"入场动画，如图15-40所示。

步骤06 ❶切换至"出场"选项卡；❷选择"右上弹出"动画；❸点击✓按钮，如图15-41所示，添加出场动画。

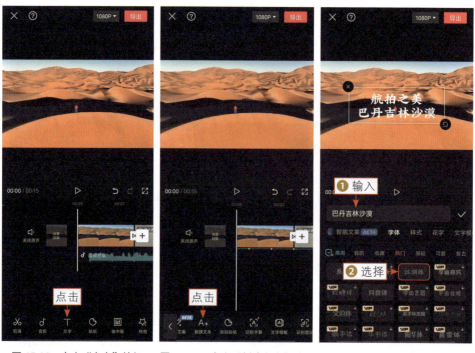

图 15-36 点击"文字"按钮　　图 15-37 点击"新建文本"按钮　　图 15-38 选择合适的字体

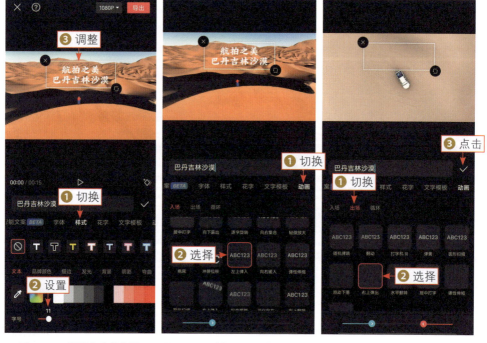

图 15-39 调整文字的位置　　图 15-40 选择"左上弹入"动画　　图 15-41 点击相应按钮（1）

步骤07 ❶ 调整文字的时长，使其对齐第 1 段素材的末尾位置；❷ 为了让文字更具动感，在入场动画结束的位置点击 ◇ 按钮，添加关键帧，如图 15-42 所示。

步骤08 ❶ 拖曳时间轴至出场动画起始的位置；❷ 放大文字并调整其位置，制作文字放大的动感效果，如图 15-43 所示。

图 15-42 点击相应按钮（2） 图 15-43 放大文字并调整其位置

步骤09 为了添加贴纸，在视频起始位置点击"添加贴纸"按钮，如图 15-44 所示。

步骤10 ❶ 切换至"旅行"选项卡；❷ 选择一款飞机贴纸，如图 15-45 所示。

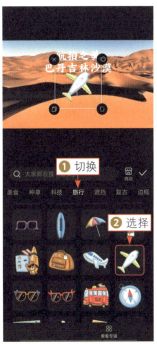

图 15-44 点击"添加贴纸"按钮 图 15-45 选择一款飞机贴纸

步骤 11 继续选择一款地图贴纸，如图 15-46 所示。

步骤 12 ❶ 调整两段贴纸素材的画面大小和位置，使其处于文字的左右两侧；❷ 调整两段贴纸素材的时长，使其对齐第 1 段视频素材的时长，并选择飞机贴纸；❸ 点击"动画"按钮，如图 15-47 所示。

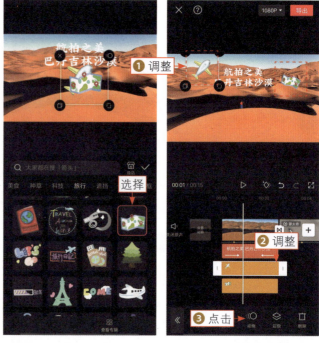

图 15-46　选择一款地图贴纸　　图 15-47　点击"动画"按钮（1）

步骤 13 选择"向右滑动"入场动画，如图 15-48 所示。

步骤 14 ❶ 切换至"出场动画"选项卡；❷ 选择"向上滑动"动画，让贴纸变得动感一些，如图 15-49 所示。

图 15-48　选择"向右滑动"动画（1）　　图 15-49　选择"向上滑动"动画

步骤 15 点击 ✓ 按钮，❶ 选择地图贴纸；❷ 点击"动画"按钮，如图 15-50 所示。

步骤 16 选择"旋入"入场动画，如图 15-51 所示。

 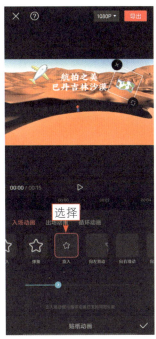

图 15-50 点击"动画"按钮（2）　　图 15-51 选择"旋入"入场动画

步骤 17 ❶ 切换至"出场动画"选项卡；❷ 选择"向右滑动"动画，让地图贴纸也变得动感一些，如图 15-52 所示。

步骤 18 为了制作求关注片尾效果，在第 7 段素材的末尾位置点击 + 按钮，如图 15-53 所示。

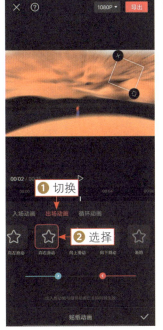 

图 15-52 选择"向右滑动"动画（2）　　图 15-53 点击相应按钮（3）

步骤19 为了添加头像素材，❶ 在"照片"选项卡中选择头像素材；❷ 选择"高清"复选框，如图 15-54 所示。

步骤20 ❶ 切换至"素材库"|"热门"选项卡；❷ 选择黑场素材；❸ 点击"添加"按钮，如图 15-55 所示。

图 15-54　选择"高清"复选框　　图 15-55　点击"添加"按钮

步骤21 为了切换视频轨道，❶ 选择头像素材；❷ 点击"切画中画"按钮，把素材切换至画中画轨道中，如图 15-56 所示。

步骤22 为了添加绿幕素材，点击《按钮，点击"新增画中画"按钮，如图 15-57 所示。

图 15-56　点击"切画中画"按钮　　图 15-57　点击"新增画中画"按钮

步骤 23 ❶在"视频"选项卡中选择片尾绿幕素材;❷选择"高清"复选框;❸点击"添加"按钮,如图15-58所示,添加绿幕素材。

步骤 24 ❶调整绿幕素材的画面大小;❷点击"抠像"按钮,如图15-59所示。

图15-58 点击"添加"按钮　　图15-59 点击"抠像"按钮

步骤 25 为了抠除绿幕,在弹出的工具栏中点击"色度抠图"按钮,如图15-60所示。

步骤 26 拖曳取色器圆环,在画面中取样绿幕的颜色,如图15-61所示。

图15-60 点击"色度抠图"按钮　　图15-61 取样绿幕的颜色

步骤27 ❶选择"强度"选项;❷设置参数为100,抠除绿幕,如图15-62所示。

步骤28 ❶选择"阴影"选项;❷设置参数为50,增加边缘阴影,如图15-63所示。

图15-62 设置参数为100

图15-63 设置参数为50

步骤29 点击✓按钮,❶选择头像素材;❷调整其画面大小和位置,让人物居中,如图15-64所示。

步骤30 为了给视频创作者署名,在头像素材的起始位置依次点击"文字"按钮和"文字模板"按钮,如图15-65所示。

图15-64 调整素材的画面大小和位置

图15-65 点击"文字模板"按钮

步骤31 ❶ 切换至"互动引导"选项卡；❷ 选择一款文字模板；❸ 更改文字内容；❹ 调整文字的大小和位置，如图 15-66 所示。

步骤32 ❶ 切换至"字体"|"热门"选项卡；❷ 选择字体，更改文字的字体，如图 15-67 所示，引导观众在看完视频之后关注视频发布者。

图 15-66　调整文字的大小和位置　　图 15-67　选择字体

15.2　使用剪映电脑版剪辑多个视频

剪映电脑版比剪映手机版更专业，可以处理更多的素材。本节将为大家介绍使用剪映电脑版剪辑多个视频的流程。本案例的最终视频效果如图 15-68 所示。

图 15-68　最终视频效果

15.2.1　步骤 1：导入多段视频

在剪映电脑版中可以全选文件夹中的所有素材，然后进行快速导

扫码看教学视频

入处理。下面介绍具体的操作方法。

步骤01 打开剪映电脑版，在首页单击"开始创作"按钮，如图15-69所示。

步骤02 为了添加多段视频，进入"媒体"功能区，在"本地"选项卡中单击"导入"按钮，如图15-70所示。

图15-69 单击"开始创作"按钮　　　　　图15-70 单击"导入"按钮

步骤03 弹出"请选择媒体资源"对话框，❶在相应的文件夹中，按【Ctrl+A】组合键全选所有的素材；❷单击"打开"按钮，如图15-71所示，导入素材。

步骤04 单击第1段视频素材右下角的"添加到轨道"按钮，如图15-72所示。

图15-71 单击"打开"按钮　　　　　图15-72 单击"添加到轨道"按钮

15.2.2 步骤2：为视频添加背景音乐

运用"分离音频"功能，可以把其他视频中的音乐分离出来，然后再把视频删除，只留下想要的背景音乐。下面介绍具体的操作方法。

扫码看教学视频

步骤 01 把 6 段视频素材依次添加到视频轨道中，为了添加背景音乐，❶ 选择背景音乐视频素材，在素材上单击鼠标右键；❷ 在弹出的快捷菜单中选择"分离音频"命令，如图 15-73 所示。

步骤 02 把音乐分离出来，单击"删除"按钮，删除不需要的视频素材，如图 15-74 所示。

图 15-73 选择"分离音频"命令

图 15-74 单击"删除"按钮

步骤 03 调整音频素材的轨道位置，使其起始位置对齐视频的起始位置，如图 15-75 所示。

步骤 04 在"基础"操作区中设置"淡出时长"参数为 0.5s，让音乐结束得更加自然些，如图 15-76 所示。

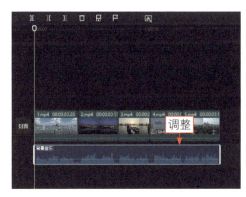
图 15-75 调整音频素材的轨道位置

图 15-76 设置"淡出时长"参数

15.2.3 步骤 3：为视频之间添加转场

剪映中的转场类型非常丰富，在多段素材之间添加转场，可以让视频之间的切换更加自然、流畅。下面介绍具体的操作方法。

扫码看教学视频

步骤 01 为了给视频素材之间添加转场，拖曳时间轴至第 1 段视频素材与第 2 段视频素材之间的位置，如图 15-77 所示。

步骤 02 ❶ 单击"转场"按钮，进入"转场"功能区；❷ 切换至"运镜"选项卡；❸ 单击"向下"转场右下角的"添加到轨道"按钮，如图 15-78 所示，为第 1 段视频素材与第 2 段视频素材之间添加转场。

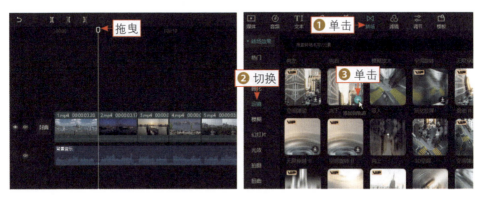

图 15-77 拖曳时间轴至相应的位置（1）　　图 15-78 单击"添加到轨道"按钮（1）

步骤 03 拖曳时间轴至第 2 段素材与第 3 段素材之间的位置，如图 15-79 所示。

步骤 04 在"运镜"选项卡中单击"推近"转场右下角的"添加到轨道"按钮，如图 15-80 所示，继续添加转场。

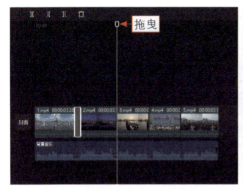 

图 15-79 拖曳时间轴至相应的位置（2）　　图 15-80 单击"添加到轨道"按钮（2）

步骤 05 拖曳时间轴至第 3 段素材与第 4 段素材之间的位置，如图 15-81 所示。

步骤 06 在"运镜"选项卡中单击"向左"转场右下角的"添加到轨道"按钮，如图 15-82 所示，继续添加转场。

步骤 07 拖曳时间轴至第 4 段素材与第 5 段素材之间的位置，如图 15-83 所示。

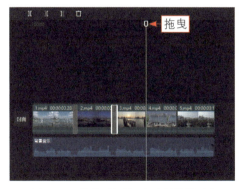
图 15-81 拖曳时间轴至相应的位置（3）

图 15-82 单击"添加到轨道"按钮（3）

步骤 08 在"运镜"选项卡中单击"拉远"转场右下角的"添加到轨道"按钮，如图 15-84 所示，再继续添加转场。

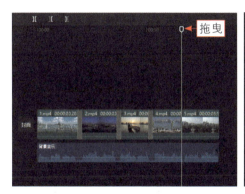
图 15-83 拖曳时间轴至相应的位置（4）

图 15-84 单击"添加到轨道"按钮（4）

15.2.4 步骤 4：为视频添加滤镜

由于多段视频素材之间的色彩是有差异的，在调色时，可以添加不同的滤镜，进行精准调色。下面介绍具体的操作方法。

扫码看教学视频

步骤 01 为了给视频添加滤镜，拖曳时间轴至视频的起始位置，如图 15-85 所示。

步骤 02 ❶ 单击"滤镜"按钮，进入"滤镜"功能区；❷ 切换至"风景"选项卡；❸ 单击"花园"滤镜右下角的"添加到轨道"按钮，如图 15-86 所示，添加滤镜进行调色，让画面更好看。

步骤 03 调整"花园"滤镜的时长，使其对齐第 1 段视频素材的时长，如图 15-87 所示。

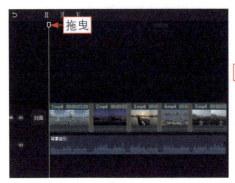

图 15-85　拖曳时间轴至视频的起始位置　　　　图 15-86　单击"添加到轨道"按钮（5）

步骤 04 ❶ 为剩下的 4 段视频素材依次添加"青红夜"夜景滤镜、"港风"复古胶片滤镜、"花园"风景滤镜和"清晰"基础滤镜，并调整各自的时长，使其对齐相应视频素材的时长；❷ 选择第 1 段视频素材，如图 15-88 所示。

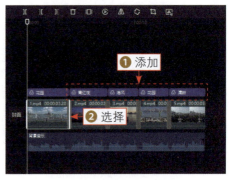

图 15-87　调整"花园"滤镜的时长　　　　图 15-88　选择第 1 段视频素材

步骤 05 为了再次调节画面色彩，❶ 单击"调节"按钮，进入"调节"操作区；❷ 设置"饱和度"参数为 7、"亮度"参数为 4、"对比度"参数为 8，调整画面的色彩和明度，如图 15-89 所示。

图 15-89　设置相应的参数（1）

步骤 06 选择第 2 段视频素材,在"调节"操作区中设置"色温"参数为 -5、"色调"参数为 -5、"饱和度"参数为 35、"对比度"参数为 14,让夜景效果更好看,如图 15-90 所示。

图 15-90 设置相应的参数(2)

步骤 07 选择第 3 段视频素材,在"调节"操作区中设置"色温"参数为 11、"色调"参数为 6、"饱和度"参数为 14、"对比度"参数为 6,让夕阳效果更好看,如图 15-91 所示。

图 15-91 设置相应的参数(3)

步骤 08 选择第 5 段视频素材,在"调节"操作区中设置"色温"参数为 -23、"色调"参数为 -13、"饱和度"参数为 29、"对比度"参数为 20,让风光效果更好看,如图 15-92 所示。

图 15-92 设置相应的参数（4）

15.2.5 步骤 5：为视频添加字幕和特效

为了突出视频的主题，可以为视频添加字幕，还可以配合音乐添加歌词字幕。在视频开场时，可以添加基础的开场特效，吸引观众，还可以为视频添加边框特效，丰富视频内容。在视频结束时，可以添加片尾素材。下面介绍具体的操作方法。

扫码看教学视频

步骤01 为了添加片头字幕，拖曳时间轴至视频 00:00:01:03 的位置，❶ 单击"文本"按钮，进入"文本"功能区；❷ 单击"默认文本"右下角的"添加到轨道"按钮，如图 15-93 所示，添加"默认文本"。

步骤02 调整"默认文本"的时长，使其末尾位置对齐第 1 段素材的末尾位置，如图 15-94 所示。

图 15-93 单击"添加到轨道"按钮（1）

图 15-94 调整"默认文本"的时长

步骤03 ❶ 在"文本"操作区中输入文字内容；❷ 选择合适的字体；❸ 设置

文字颜色为黑色；④ 调整文字的位置，如图 15-95 所示。

图 15-95 调整文字的位置（1）

步骤 04 为了给文字添加动画，① 单击"动画"按钮，进入"动画"操作区；② 选择"打字机Ⅱ"入场动画；③ 设置"动画时长"参数为 1.0s，如图 15-96 所示。

步骤 05 ① 切换至"出场"选项卡；② 选择"渐隐"动画，如图 15-97 所示。

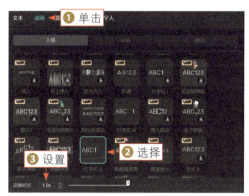

图 15-96 设置"动画时长"参数

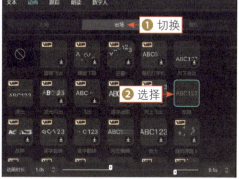

图 15-97 选择"渐隐"动画

步骤 06 为了快速添加文字，① 在文字上单击鼠标右键；② 在弹出的快捷菜单中选择"复制"命令，如图 15-98 所示，复制文字。

步骤 07 拖曳时间轴至视频 00:00:02:18 的位置，按【Ctrl+V】组合键粘贴文本，并调整文本的时长，使其末尾位置对齐第 1 段素材的末尾位置，如图 15-99 所示。

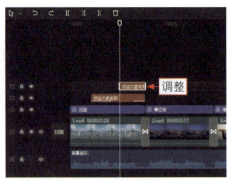

图 15-98 选择"复制"命令　　　　图 15-99 调整文本的时长

步骤08 在"动画"操作区中，设置复制后文字的"动画时长"参数均为 0.5s，❶ 在"文本"操作区中更改文字内容；❷ 设置"字间距"参数为 2；❸ 选择第 1 个预设样式；❹ 设置"字号"参数为 17；❺ 调整文字的位置，如图 15-100 所示。

步骤09 为了快速添加歌词字幕，❶ 切换至"识别歌词"选项卡；❷ 单击"开始识别"按钮，如图 15-101 所示。

步骤10 识别出歌词字幕之后，❶ 选择第 1 段歌词文字；❷ 单击"删除"按钮，如图 15-102 所示，删除不需要的字幕。

图 15-100 调整文字的位置（2）

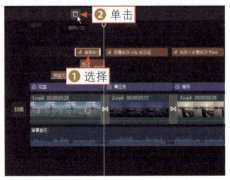

图 15-101 单击"开始识别"按钮　　　图 15-102 单击"删除"按钮

步骤 11 根据歌词原意，修改错误的文本内容，❶ 选择合适的字体；❷ 设置"字间距"参数为 2，如图 15-103 所示。

图 15-103　设置"字间距"参数

步骤 12 为了给视频添加开场特效和边框特效，❶ 单击"特效"按钮，进入"特效"功能区；❷ 切换至"基础"选项卡；❸ 单击"开幕"特效右下角的"添加到轨道"按钮，如图 15-104 所示，添加开场特效。

步骤 13 调整"开幕"特效的时长，使其末尾位置对齐第 1 段文字的起始位置，如图 15-105 所示。

图 15-104　单击"添加到轨道"按钮（2）　　图 15-105　调整"开幕"特效的时长

步骤 14 拖曳时间轴至第 1 段文字的起始位置，❶ 切换至"边框"选项卡；❷ 单击"录制边框Ⅲ"特效右下角的"添加到轨道"按钮，如图 15-106 所示，添加边框特效。

步骤15 调整"录制边框Ⅲ"特效的时长，使其对齐视频的末尾位置，如图15-107所示。

图 15-106 单击"添加到轨道"按钮（3） 　　图 15-107 调整"录制边框Ⅲ"特效的时长

本章小结

本章主要向大家介绍了使用剪映手机版剪辑多个视频和使用剪映电脑版剪辑多个视频的方法，包括添加多段视频、音乐和调整时长，设置转场、进行调色和添加特效，制作文字片头和求关注片尾效果，导入多段视频，为视频添加背景音乐，为视频之间添加转场，为视频添加滤镜，以及为视频添加字幕和特效，帮助大家掌握多个视频的剪辑流程。

课后习题

鉴于本章知识的重要性，为了帮助大家更好地掌握所学知识，本节将通过课后习题，帮助大家进行简单的知识回顾和巩固。

1. 为了给视频添加开场特效，在"基础"选项卡中可以添加哪些特效？
2. 请选择任意一个版本的制作流程，进行实战练习。